視野 起於前瞻，成於繼往知來

Find directions with a broader VIEW

寶鼎出版

Hidden In Plain Sight

How to Create Extraordinary Products for Tomorrow's Customers

觀察的力量

從烏干達到中國，如何為明天的客戶創造非凡的產品

Jan Chipchase
詹恩．奇普切斯
Simon Steinhardt
西蒙．史坦哈特 著

洪世民 譯

推薦序一1

「看見」的方法論

李仁芳
國立政治大學科技管理研究所創新管理教授

創意思考是有關於注視其他人已在看，或已經看了好多年的東西，並在其中發現新意。

大部分的創新線索就在我們眼前。關鍵在於：如何學會以革命性的全新眼光看待平凡。

詹恩在「觀察的力量」這本書中，以人類學參與式觀察的民族誌研究方法，開創了能驅動全新體驗、打造明日創新洞見的考掘／發現方法。

覺察力經常就是創造力的根本前提。我們很難想像官能感覺遲鈍，「Look Everything But See Nothing」的人會有強的創造力。

I Hear, I Forget;
I See, I Remember;
And I Touch, I Understand.

能動員多重官能知覺，敏銳掌握周遭環境訊息，並深刻解讀其脈絡意義，感知一般人所難覺察細微差異（nuance）的人，是掌握了創意流程的開端。「觀察的力量」對一般「視而不見，思而不行」症候群（如下列）特具療效：

- 缺乏辨識、掌握「看不見的脈絡關聯」的眼光，抓不住創新的機緣（Serendipity）。
- 長於分析，弱於在行動中沈思、修正再前進的衝創意志。把分析當作經營管理（Management By Analysis, MBA）的分析麻痺症候群。
- 會理性思考推理，卻拙於在行動實踐中驗證「場所的知能」，一種實存的，鑲嵌於特定時空條件下，經由經驗實證的「脈絡化的知識」。

詹恩強調：創新領導者的一個共通，慧法門，就是在場所的脈絡中深入觀察，並在行動中深思（contemplation in action）。換言之，就是在現場的行動中關注、沉思、深入現狀（actuality）的世界後，以所激發出的感受，形成假設。

他們總是能夠看見（To Visualize）一般人「看不見的脈絡關聯」，能夠發掘出隱晦在「乍見之下不相聯繫的事物間」「看不見的脈絡網」，然後像拼圖那樣，將每一片小拼片連結，建立事件的新概念化關聯。

詹恩在本書中，對觀察的法門，剴切而深入地提點，對工作上切需創新的人士著具貢獻。

推薦序—2

洞察巨量平凡消費者決策行為的設計思考力

簡禎富
國立清華大學清華講座教授
「IC產業同盟」暨「清華—台積電製造卓越中心」主持人

設計思考（Design thinking）的概念與使用者中心設計（User centered design）的方法在新產品開發、服務設計乃至於創新商業模式的應用日益受到重視，然而消費者生活多樣且價值觀不同，新產品開發和研究人員往往難以設身處地來體驗使用者的痛點、差距與潛在的需求，甚至洞察未來五年、十年後的消費者會如何去使用某種產品和服務，因此不易萃取使用者內心真實的聲音和偏好，以預知未來的消費者需要什麼產品和服務，來滿足客戶的未來需求和創造新的商機。

本書作者詹恩・奇普切斯（Jan Chipchase）以非洲、印度、中國、巴西等地區巨量的平凡人類為樣本，分享他洞悉顧客未獲滿足的需求的方法，利用設計研究的八項原則：⑴優化表面積；⑵你的在地團隊有多好，你就有多好；⑶凡事源自你待的地方；⑷採用多層次召募策略；⑸參與者優先；⑹讓資料呼吸；⑺通則不適用；⑻留時間舒壓等工具，以協助了解驅使消費者做出選擇和決策的原因，以及企業如何能夠觀察並運用隱藏在日常生活習慣的資訊，挖掘創新的洞見，以創造未來的需求和商機。本書藉由探討數種社會概念，以及促進或阻礙概念的技術來理解人類行為等新方法，利用有限資源的創意中獲得靈感，由新發現的洞見評估商業模型、創新產品和設計服務，以提升客戶滿意度和企業競爭力。

設計思考和設計研究的概念其實也已經導入國內。儘管設計思考和決策都像是「道可道，非常道」的藝術，然而設計思考、使用者經驗和消費者決策行為的洞察都不能只靠經驗直覺，需要有策略的思考、回到人類本質的關照和系統化的架構來整合相關步驟，特別是獲取不同類型代表人物（Persona）的同理心（Empathy）及探討其決策行為和使用習慣等經驗過程，我與清華決策分析研究室團隊過去這幾年持續協助國內某3C電腦大廠合作，發展設計思考為基礎的顧客體驗實驗設計架構和分析使用者經驗的步驟，在有限的資源和時間下分析筆記型電腦、平版、穿戴設備的使用情境和使用者經驗，以觀察、訪談並萃取消費者偏好和對新產品設計的需求，深入了解使用者對產品的同理心、重視的產品關鍵因素及探討使用者背景歸納出重要的使用者特性，以協助廠商在新產品上市時間壓力下，降低實驗設計和取樣的偏差，有效萃取各種代表性人物的使用者經驗，做為創新產品及服務的參考，提升決策品質。

推薦序一3

創新，來自於一段深度的思考辯證

楊振甫
《打開服務設計的秘密》作者、5% Design Action 社會創新設計平台發起人

現階段的全球競爭下，「創新」一詞已是企業存續的核心要務。著名學者羅伯托·維甘提（Roberto Verganti）提出三股趨動創新的力量來源，分別是市場拉力、技術推力、以及設計力創新。其中，市場拉力回應顧客現階段的需求，大多只能幫助企業進行漸進式的改良（Incremental Improvement）；但相對地，今天若有一個嶄新的科技發明（如網際網路、觸控式螢幕）、或是從設計的角度重新定義在我們身邊的事物（如便利商店過去強調快速結帳，現階段則主打提供一整天的服務與相關商品），則有機會推出突破性創新（Radical Innovation）的產品或服

務。但不管透過什麼樣的方式創新，都會在過程中需一再地反思顧客的行為模式，以及行為背後的思考脈絡與決策基礎。

這幾年從事設計的過程中，對於作者在本書許多章節所提及，如何從看似普通的行為脈絡中發現潛在的訊息脈絡，並且抽離出有價值的訊息十分有感。然而，我想許多讀者可能出現的挑戰會在於：為什麼都看到同樣的景象、接觸或觀察同一位使用者，但為何嗅不出其中的奧妙或特殊之處？我想，就如同作者在書中建議，每一個人應該都需要從生活中的小事件、小細節著手，試著學習保留一段時間想看看在很多要、或不要背後的原因，喜歡或討厭背後可能的理由為何，一段深度的思考辯證常會給你許多意想不到的發現！

就像是在每天生活中，我會特別留意身邊的人的穿著、行為與對話，有機會時，更會拿起手機記錄下我特別覺得很有趣的畫面，這樣的生活一直是很輕鬆且開心的。特別的是，在真正需要回到思索創新的可能方向時，平常看似一般的觀察與思考的基本功就馬上會派上用場，協助串連需求與可能問題的諸多脈絡。因此，如果你（妳）希望開始就生活中尋找創新的機會點，甚至是歷練自己對於周邊事務觀察與思變的敏銳度，《觀察的力量：從烏干達到中國，如何為明天的客戶創造非凡的產品》所提出的諸多實務案例與觀點，絕對是認識與進行設計研究的必讀好書，在此與您分享與推薦。

好評推薦／

創新思維是深入了解消費者日常需求，並試著從中找到可以改善的問題，本書作者透過親身體驗，帶領讀者走遍世界各地領略隱含於日常生活的不凡洞見。

——林弘全
flyingV 創辦人

平凡中見真實，真實中見智慧，能淵遠流長的經典與不凡，往往出自於我們的習以為常，用心觀察，便能看見不一樣的世界。

——許毓仁
TEDxTaipei 策展人 &TED 亞洲大使

本書提供一個用心對焦以洞悉消費者的設計力羅盤，指引設計師如何挑戰想法，打動人心！

——葉雯玓
國立台北科技大學工業設計系暨創新設計研究所副教授

CONTENTS
目錄

推薦序—1　李仁芳　國立政治大學科技管理研究所創新管理教授　002
推薦序—2　簡禎富　國立清華大學清華講座教授、「IC產業同盟」暨「清華—台積電製造卓越中心」主持人　005
推薦序—3　楊振甫　《打開服務設計的秘密》作者、5% Design Action社會創新設計平台發起人　008
好評推薦　010
緒論　以全新眼光看待平凡活動　022
從平凡情境看到市場火花
・了解決定背後真正的「為什麼」　024
調整觀察的距離／「技術」不應該讓你多想一下
當新技術變成理所當然／舊技術不是消失，只是不再受到注意

無視可能帶來的周邊效益／窮則變，變則通
順應民情，將通話時間兌換為貨幣的業務／不合常理的行為背後必有因
運用「為什麼」找出影響人們做決定的因素
· **深入城市，用全新眼光偵察** 038
快速融入當地環境／找到最自在的採訪空間
· **重新想像自己所在的地方** 042
敞開心胸盡情享受／換個地點，視野角度大不同
· **以全新眼光看待平凡的人類活動** 046
用完整的稜鏡觀察世界

01
如何在心中劃分「做」與「不做」的界線 051

· **替企業田野調查，找出人類做決定的門檻** 053
為混亂資料建立秩序／繪製顧客門檻地圖
· **為什麼一直重複某些特定行為？** 058
隨著事件調整門檻
· **巧妙利用不便因素加以誘導** 060
明白人們做決定的門檻，就能操控行為

· **打扮是為自己還是為別人** 063
運用自我感知判斷／舒適區會因文化限制而變化

· **偏激分子？模範市民？小差異大辨別** 067
過去績效不代表未來績效

· **創造未來的轟動之作** 070
巧妙操控確立的門檻／空皮夾意味著……
反饋機制設定警告門檻／現在是思考及設計下一步絕佳起點

02

從日常生活中使用的物品，看到的身分地位演出 079
社會情境支配你怎麼使用物品

· **牙齒矯正器暗示的形象與財力投資** 082
少了炫耀，人們能認出高檔精品的價值嗎？
范伯倫效應點明了人類身處的炫耀財世界
奢侈不只意味著富裕，還有地位／用贗品暗示具有財力
印象管理的力量

· **從廁所、住家空間到冰箱裡發現有趣的線索** 090
從住家展示看屋主的炫耀心理／從細微處找尋訊息

· **揭露人們渴望的社區照相館** 095
大眾精品滿足人們追求表象的虛榮心
· **微型化象徵著地位極致** 097
看誰在使用以及如何使用
· **設計下一個地位象徵品** 099
有時謊言也能透露真相／文化因素影響地位價值

03
驅使人們採用新技術的祕密 105

用成功機率最大的方式發展服務
· **從雜交玉米看人們如何採用新物品、新想法** 109
畢爾—飽蘭擴散過程模組看採用過程／採用過程的早晚對應出嘗新能力高低
非採用者自有拒絕或否決的主張／視採用曲線修改商品或服務
技術放大現有行為
· **社會及社交壓力如何影響採用曲線** 117
太短時間發生太多變化，你選哪一邊？
社會影響、同儕，都是人採用創新與否的推力
採用類型門檻皆不同／搶先留下數位足跡

·色情產業具有驅動技術採用的力量？ 124
技術與媒體傳播常在離線時上演／了解道德限制界線，才能了解採用
一個錯誤的假設完全改變外人認知／國家、文化、語言間界線變模糊
·「老大哥正在看著你」的未來 131
拿個人隱私交換其他價值或服務／技術演化的矛盾
·只要有新需求，永遠都有前進的理由 135

04
隨身之物透露的隱含商機 139

鑰匙、錢、電話即可滿足基本需求
·人們需要攜帶行為的安全感 143
你放心讓物品離得多遠？／分布範圍決定於多種背景因素
心理便利和實際便利同等重要／反省點提醒我們清點所攜的物品
改變服務設計的機會
·上傳的東西代表你 150
如果沒有數位化及雲端儲存……／分布範圍方程式隨數位化改變
遺失的意義即將轉變／行動裝置改變我們的行為
經過計算與分析，切中你想要的商品／讓東西在需要的時間和地點才到手

設計數位反省點

・**可以不帶東西就出門？** 161
以備不時之需最自在／網路分享也能是消費模式

・**門外的美麗新世界** 165
我們改花錢購買「想要的時間和地點」擁有物品或服務
失去習以為常的科技連結

05

觀察什麼？觀察的時機與方法 171

不只如何觀察，還要在哪裡觀察

・**跟城市一起醒來** 174
不同文化的晨間活動／觀察在地人對居住地信任程度

・**和當地人一起通勤** 178
機會從觀察和體驗中流出

・**長途旅行之外的有趣觀察** 180
交通樞紐體現政府懷疑平民百姓的程度

・**善用美容院及理髮廳** 182

・**以違反規範行為測試社會規範延展性** 184

透過同理了解更多背後意義

・**「I'mLovin'It」的國際語言** 186
因應文化量身訂做商品服務

・**標語反映社會行為與價值衝突** 188
遵行或禁止或限制法律責任／外來文化影響
「禁止」背後所提供的資訊／數位化未來的可能性

・**捕捉「空間精神」，發揮累積效應** 195
感官經驗超越視覺刺激

・**當世界在你門前，不要只看窗外** 198
尋找最理想的表面積

06

左右消費者買不買單的信任生態 203
信任也是一種個人及文化認同／環境與線索左右每一個決定

・**信任完全型態分析** 208
信任六大面向／廠商該努力的消費者信任門檻地圖
中國黑心食品與星巴克，分占不同的信任生態系統

・**贏得消費者信任的品牌力量** 213

維持信任一致性，可口可樂的不敗祕訣
在食物來源可能造假的國度，證明「純正」客戶就買單

· **聞一聞牛奶，信任測試** 217
落在高信任或低信任指標，消費者態度大不同／將信任建於商品和服務之中
比較產品信任度／洞察每個消費選擇的基本理由

· **超級仿冒品的崛起** 224
盜版品也建立了品牌意識與素養／欠缺其他選擇時願意降低信任門檻
中國山寨產業崛起／你的準顧客信任誰？

07

找出服務真正的本質

233
從根本重新理解服務本質／簡單就是明智
從有限資源中找到靈感／探詢最核心的存在理由
創意發想，先解構再重新結構

· **沒有汽油的加油站** 241
如果加油站的核心功能是方便約會？／重新思考事物的核心
扭曲思考的市場策略／想出顧客不能沒有的事

· **建立非基礎設施** 247

銀行核心依然為安全和使用機會／從最基層打造，開啟無限可能

・**把握新創的各種可能性** 252

08 企業的傲慢與偏見 255

公共廁所觀察／權衡於成本與耐用之間
常理並不是真理

・**當不盡理想就是最理想** 261

每個人都是某種程度的文盲／滿足自己特殊需求最重要
理想化裝置也會有不盡理想的差異
切勿擅自揣測為消費者解決問題
設計師容易陷在自我中心看解決方案

・**真正的帝國主義** 270

扭曲的責難／窮人的行為必須理性？
理性也是一種地方現象／創造有意義的商品或服務是企業永續的第一步

結論　將焦點對準世界　278
建構、解構、分析弦外之音／深入鑑賞世界運作

附註　設計研究的八項原則　282
一、優化表面積
二、你的在地團隊有多好，你就有多好。
三、凡事源自你待的地方。
四、採用多層次召募策略。
五、參與者優先。
六、讓資料呼吸。
七、通則不適用。
八、留時間舒壓。

緒論／以全新眼光看待平凡活動

或許你會覺得我這一行充滿異國情調、冒險犯難，甚至有點光怪陸離，但最終我只是在努力理解人們行事的動機。

我的工作有一大部分是發現及解析多數人視為理所當然之事——許多聞名全球的公司願意砸重金了解的事。這份工作或許需要到猶他州做週日禮拜；步上東京市郊某家倉儲式ＤＩＹ大賣場的走道；或在破曉時分起床記錄某條郊區街道是怎樣醒來向世界道早安。

其他時候我會注意極端、放眼未來，主動出擊，以便更了解那些今日尚屬異數、但也許有朝一日將蔚為主流的行為：到馬來西亞向放高利貸的人借錢；在遙遠的中國沙漠費盡唇舌請警察不要拘留我；騎摩托車載人穿梭於尖峰時段的坎帕拉；或把錢將口袋塞得鼓鼓的，漫步於里約幾條犯罪猖獗的街道。

大部分事情都一樣的高風險、高報酬。

就我個人而言，覺得在上海陪同女伴進行買鞋探險，比在喀布爾討論二手AK步槍的價錢更危險。在上海的鞋店，只要顯露出相機的蹤跡，保全人員就會找上你，認定你是想搞「反向工程」的競爭對手。在喀布爾，沒人擔心拿相機揮來揮去的外國人，槍在這兒早已被視為雅致的複製品，來者皆可買。

沒錯，我的工作確實有它的魅力。我曾躲了一天衛兵、睡在馬雅神殿的屋頂，一覺醒來便迎接叢林樹葉上方的絕美晨曦。也曾將腳踏車綁在椰子船上，小心翼翼沿著蚊子海岸航行。當你喜愛自己做的事，並明白那可能對你出手大方的客戶極具價值，工作與玩樂之間的界線就會刻意模糊了。

從平凡情境看到市場火花

通常我都會隨身攜帶相機，而現在帶的則是一部由厚重拆到最精簡的佳能EOS 5D Mark II，它創造的價值早已超越了它的定價，為我們的後代捕捉了千千萬萬個瞬間，讓我們用來分析，讓夥伴、研究參與人員和其他人得以觀看。我不是專業攝影師，但你可以說我是專業的平凡觀察員。

每造訪一個地方，我幾乎都會花很多時間觀察當地平凡人用平凡的物品做平凡的事：拿手機打電話、從皮夾抽取現鈔或信用卡、拿加油槍加油。在這些平凡情境中我看到的——隱藏於其他人「一覽無遺」之中的——或許正是能為客戶開啟尚未開發之全球市場的火花。我試著找出能賦予客戶明確競爭優勢的機會，無論他們供應的是低技術的肥皂條或最高科技的無線網路。有些機會純由獲利驅動；其他則結合獲利和協助處理世界最迫切社會問題的心願：醫療、教育和貧窮等等。

我在這種種情境中看到的是我們多數人視為理所當然的東西：驅動人類行為的刺激因素。「為什麼，」我反覆地問：「為什麼他們要那樣做呢？為什麼要用那種特別的方式做呢？」

了解決定背後真正的「為什麼」

如果你想了解人，就必須了解人是如何在原始狀態、在自然環境、在混亂及灰色地帶、在有因果關係、不斷變遷的世界運作。

我非常尊敬能夠進行嚴密科學實驗、密切觀察更改一項或多項變因會如何影響結果的學術研究人員。他們的發現為我的工作奠定穩固的基礎（就如同你在本書所見的一切）。過去堪稱是蹩腳學者的我，後來雖然開始領略到非傳統的客群尋找法，卻赫然發現，自己根本不可能將生命本質硬塞進枯燥的學術期刊論文裡了。

我的工作——以及這本書——是先在表面下收集一些雜七雜八的事實，再用這些零碎的東西，以更多彩多姿、更有質感的方式看世界。接下來，我們可以運用這些嶄新的觀念鍛造出更好的關係、解決一些非常棘手的問題、製造更實用、更令人嚮往的物品，進而更欣賞這個世界原來的風貌。

調整觀察的距離

從商業的角度來看，有七十多億[1]個理由必須調整觀察的距離：要改變焦距，放大細節。東京一座火車站、貝魯特一間咖啡館、喀布爾一名學校教師的公寓——才能聚焦於整張「大圖」。拜網際網路、現代物流和供應鏈所賜，全世界的每個人都可以是你的顧客（或你顧客的顧客），但如果不努力找出他們

1 依據美國人口美國普查局國際統計資料庫的數據，全球人口在二〇一二年十月十五日時有七十億四千五百八十三萬二千零八十二人。

是誰，以及他們想要什麼和為什麼想要的細微差異，你將喪失這些機會。

當然，世界上也並非人人都想要同樣的東西，也不是人人都買得起同樣的東西，但你一定會訝異人們會設法得到什麼，以及他們想要什麼——就算資源貧乏。全世界有近八成的民眾每天生活費不到十美元[2]，但卻有超過半數的人口擁有手機。

這些數字說明了發展中世界的購買力，也闡明像手機這樣極具吸引力的技術可以重新塑造全球市場。本書裡，你會一再看到我以手機為例；固然有部分是因為我個人生涯有一大段重要時期投效於通訊業，但更重要的是，手機是近來最顯著的最大「破壞力」之一——個人又便利的連結。那或許看來已不夠激進，但把手伸進口袋取出一件裝置就可隨時隨地立刻聯繫到幾乎任何人，以及可當眾也可私下這麼做的選擇，這兩件事已讓全球各地的人際互動改頭換面。

「技術」不應該讓你多想一下

當你輕彈開關，使房間燈火通明之際，你不會特地去思考燈之所以能亮起的一切要素：家裡的線路；用來製造燈罩的模子；燈泡；讓全城鎮線路得以串接的實驗和最後的標準化作業；如何發電、儲電和運電。在那間原本漆黑的房間，有比了解燈為什麼會亮，更要緊的事，比如小心不要被咖啡桌絆倒。當你按下開關，「技術」不會讓你多想一下。

不會，也不應該——只要它設計得夠好，足以「正常運作」。雖然有生動活潑的全球技術場景，但社會只有一小群人有肚量忍受主流民眾認為「還不到位」之事。從消費者的觀點來看，就大部分商品而言，如果現行標準看來夠好，為什麼還要浪費時間去嘗試或許可以但也或許不可以運作的新事物呢？

這裡值得先退一步，討論我所謂「技術」一詞的含意。在我職業生涯的許多時間點上，包含了在東京一家研究室擔任概念設計科學研究員期間，既埋首於尖端技術，也與一群技術專家為伍——他們的職責是擴展事物的極限，從蓄電池到燃料電池，從新款顯示器到新型態的無線連結不一而足。我也曾為許多全球頂尖技術及工程公司效力，曾獲授權購買最新科技、研究世界一些最高科技的城市（東京、首爾、舊金山等），以及造訪一些早世界其他地區一步推廣新技術的社區。要做好我的工作，就需要對技術發展到哪裡，以及要往何處去有基礎的認識。

2 依據二〇〇八年世界銀行發展指標報告（*World Bank Development Indicators report*）提供的二〇〇五年購買力平價（Purchasing Power Parity，PPP）。

當新技術變成理所當然

但，當我想到「技術」，非單指電子或其相關服務，我給「技術」下的定義遠比這還廣泛，包括初始覺知（initial awareness）及決定採用的驅動因素；消費者對於某種技術的感知價值（perceived value）的理解程度，以及那些假設有多正確；那個價值又是如何逐步應用於真實世界等等。如你將在本書後文所見，我也深感興趣的是，當初我們對於某種技術用途所抱持的假設，如何在技術推出後發生變化。技術不限於有電池、顯示器、網路連結或電線之類的東西，儘管愈來愈多物品擁有這些特徵。在歷史的不同階段，鐵製平底鍋、機械錶和鉛筆都曾被視為是現代科技的工具，直到人們開始將其性能、穩定製造及長久存在視為理所當然時，它們便開始被認為習以為常，不被注意。

每一項被放上市場的新技術，在推出時都有它將如何運用的主張或假想，但唯有透過真實的體驗，「用途」才會確立，且為背景、個性、動力和所得等諸多因素型塑。有些技術到達了演化的里程碑，促進或激勵了新的用法，或新的採用原因。就電子郵件或聊天室而言，激勵因素或許是網路的功效：更多人同時在網路上會帶來更大的效益，而這種效益又會吸引更多人上網。對電話等技術產品來說，那或許是尺寸縮小、可以攜帶，以及便於攜帶該產品的環境。

電池壽命、堅固耐用或價錢也是重點。

新的使用者、新的使用環境和新的使用方式都會造就新的行為模式，而新的行為模式會反過來改變我們對於某項技術的期望。

舊技術不是消失，只是不再受到注意

有些公司傾向直接讓技術以最天然未加工的型態推出，看市場（或子市場，如早期用戶）做何反應。諸如中國、日本和南韓等國——通常是靠近製造過程的國家——較屬意在市場看到較多實驗，因為先推出再精練設計的成本較低。（個人對於日本電子製造業的觀察是：許多產品會先為日本市場設計，通常要到第三版才成熟得可以進軍較不寬容的國際市場。）而且有既有品牌要保護的公司通常會對上市商品較保守，不想弄倒現有的搖錢樹。

「舊技術不是消失，只是不再受到注意」的假設，大抵上是西方的想法。這類技術的退場之所以較為平順，是因為沒有人提醒我們技術在那裡；因為技術如預期運作；因為當這一類的技術失靈時，它不會整體遭到取代，而只有部分（想想烤麵包機）或不會凸顯隱含技術的組合方式（想想噴墨印表機的墨水匣）被替換；抑或是因為它包含某種商業模式，使我們難以詳加思考持續使用成本（想想訂閱）。但在世界大部分的地方，公共建設沒那麼可靠且使用情況較可能超過負荷，也有較多資源受限的消費者，以及鼓勵審慎考慮使用成本的商業模式。

如此一來，消費者便會想起商品隱含的技術，於是他們所在的社會對於技術會保有較高的素養（literacy）。一如技術在全球採用不均，它的退場也不平均。過去我曾投入多年時間追蹤維修文化從阿富汗到印度、奈及利亞到印尼各地的演變，以及人們如何取得素養、技能和感悟力來修理最複雜的技術。這不意味著了解技術的渴望在那些地方特別強，而是那裡了解技術、領會技術可能有不同使用方式的必要性比較高，因為它基本上算是一種實用的謀生本領。如我將在後文探討的，這種了解技術根本特性的高度意識、素養和動力，可能造就出乎原設計師預料的不同使用模式（如果有所謂設計師的話），以及值得注意的新商業機會。

無視可能帶來的周邊效益

二〇〇六年，我造訪烏干達時，曾經深入了解人們樂於分享通訊工具（特別是手機）和自己擁有的程度。對客戶來說，這個答案會影響他們到底要重新設計既有產品，或繼續製造數億件已經上市的商品。此次計畫包括調查一種名為村落電話的新服務：將手機通訊帶到當時處於網路末端（時至今日，這些地方幾乎全為網路涵蓋，足見變遷速度之快）的鄉村。計畫由美國葛萊敏基金會（Grameen Foundation USA）與當地微型貸款組織及MTN（區域行動電信供應商）合辦，並由諾基亞（Nokia）和三星（Samsung）支援手機。案子固然有趣，但最令我驚訝的是親眼目睹一個遠早於在世界其他地方看到的業務，儘管沒有設計過程，也沒有正式的服務供應商：行動銀行（mobile banking）的先例之一。

烏干達首都坎帕拉是個熙來攘往的都會中心，人口超過一百四十萬。一如許多城市，它也以工作機會吸引一波波來自烏干達鄉間的移民。那些移民常把家人留在村裡，由於該地許多農村缺乏民眾負擔得起的基礎通訊建設，這種分離更顯得難熬。村落電話計畫提供了技術——手機、車用蓄電池（電網不及之地的常見電力來源），以及電視一般的強力天線，插入電話就能接受到最遠三十公里外的手機訊號（預設值接近二十公里）。

微型貸款組織提供貸款給居住特定村落的企業家（通常為女性），而之後她可向借用電話的村民收取費用。毫無意外地，提供通訊給之前沒有通訊的地方是非常吸引人的生意，民眾也願意花錢購買便利。但村落電話背後的組織，以及在那個空間工作的每一個人，皆無視於這種連通性可能帶來的周邊效益。

他們沒看到自己擁有或可協助人們克服迫切日常問題的工具，因為他們並未費心研究問題出在哪裡——例如遠距轉移金錢的需要。

窮則變，變則通

讓我們假設阿基基想從坎帕拉把錢送回村裡給妻子瑪莎妮。在過去，他有兩種方式可以做這件事：一是開立銀行帳戶（如果他有必要的文件，也被視為有益的顧客），把錢存進去，傳話回村裡說帳戶有錢了，然後請瑪莎妮搭一段路途遙遠的計程車到最近的銀行把錢領出來。除了搭計程車的不便和費用，銀行處理系統亦時有延誤，意味著村民上銀行不見得領得到錢。銀行也不太願意處理這種小金額提款，所以瑪莎妮得等到阿基基存到「合理」存款金額才能提領。阿基基的另一個辦法是請駛往家鄉的公車司機幫忙把現金交給瑪莎妮，但沒人敢保證司機會把錢交給對的人，或他真的值得信賴。這完全不是所謂的安全交易。

我們就是在沒有柏油路的烏干達鄉村進行研究的那段期間，反覆聽到人們談到「sente」，談到在無法取得正式匯款服務之下，卻能夠透過現有通訊商業模式及公共建設提供替代方法來送錢。阿基基不必直接送現金給瑪莎妮，可拿那筆錢向群集在坎帕拉納卡塞洛市場（Nakasero Market）的眾多攤販之一購買行動電話通話額度，而他也不必親自使用（事實上，二〇〇六年時阿基基沒有手機的可能性高得多）[3]，他可以打電話給村裡電話亭業者，給她使用通話時間的密碼，讓她得以跟使用的村民收取費用，之後，業者會將與通話時間等值的現金，在扣除二至三成的交易佣金後支付給瑪莎妮。無須銀行、無須公車、無須計程車，問題迎刃而解。

沒有人知道是誰率先嘗試這種非正式的 sente 程序。沒有剪綵儀式，沒有媒體歌功頌德，沒有紀念性的匾額，也沒有首次交易的確實紀錄。事情很單純，就是有人試著想出如何運用現有資源來節省時間與心力。而這種實務迅速傳播開來，因為那些電話亭通常也是資訊流動的社交中心，所以對一名顧客奏效的方式，很快便傳給另一名顧客知情。儘管葛萊敏基金會、大型行動通訊業者和手機製造商等組織盡心盡力，但要設計出如此順應當地風土民情的東西，仍超出他們所想像。

3 二〇〇六年，烏干達的手機擁有率為四％，使用率則高達八成。

順應民情，將通話時間兌換為貨幣的業務

這種非正式的 sente 絕非完美：沒有自動化的收受機制（收受者必須回電給寄送者確認錢已送達）；偶有混亂：錢誤送到同名同姓的人手上；佣金金額可能引發爭執；有時電話亭業者無法一口氣兌現所有通話時間。雖然現有的行為展現了需求，但這些顯而易見的缺點，仍暗示一個設計正式服務的機會。

約莫同一時間，在鄰國肯亞，英國沃達豐通訊（Vodafone UK）的尼克．休斯（Nick Hughes）和蘇西．隆尼（Sosie Lonie），正拿著英國國際發展部的種子基金進行試驗，探究更有效率的微型貸款支付方式。隨著試驗進行，從與顧客的互動之中清楚反映出一點：商業性的人際轉款服務甚有機會。二〇〇七年開辦之際，他們預計第一年能吸引二十萬名顧客，而這個數字他們不到一個月便達成。這些預付的顧客多數都為電話追加通話時間；有些則在實行在地版的 sente。今天，肯亞的 M-Pesa 公認為世界最成功的行動銀行服務之一。而烏干達電信（Uganda Telecom）也在那時開辦正式的手機錢包業務：M-Sente。

以下這些與轉移通話時間，以及將通話時間兌為貨幣有關的實務，在行動銀行的成長方面扮演著要角：增進民眾對手機用途的素養；建立對轉移抽象事物（通話時間、金錢）的信任；協助鑑定需要改善的領域；以及最重要的，灌

注對可能成果的期待。

要探究現有行為，並理解如何運用此一洞見做為推知未來的基礎，有許多種方法。其一是找出「突發行為」（emergent behavior），基本上就是人們最近才開始做，而如果條件正確，可能會變得普遍的事情。而可能誘發突發行為的因素包括文化模因（cultural meme）——例如：奧運金牌得主在頒獎台上比的手勢、瓦解根深柢固社會規範的天然災害，以及採用某種商業模式與後續規避它的方式，例如：手機顧客打給對方後立刻掛斷，做為不必被收通話費的聯絡方式。

有個技巧可以顯現或強化這種行為，就是誘發會刺激人們採取新行動的情境。另一種較合乎道德的技巧則是找出已置身極端情境（至少從主流觀點來看）的人——所處情勢或背景迫使他們無視現存社會或法律規範，而充分利用可用資源者。我們稱之為不得已的創新。這些人則常被稱為「極端」或「先驅使用者」。

不合常理的行為背後必有因

新山是馬來西亞位於星馬邊界上的邊境城鎮，市容破舊，以想要砍幾毛油價的經濟觀光客、取道進入城市工作的移民工和多采多姿的夜生活聞名。當地似乎也有賭博問題，因為這裡住宅街道的特色之一是依附在路標之上、琳瑯滿目的高利短期貸款廣告，而殘留的舊廣告痕跡在在表明：此地貸款市場的競爭非常激烈。

一個客戶想在新山推出新的全球行動金融服務，所以我和一支團隊來到這裡，探究當地民眾對金錢的態度和作為，而這個反常現象激起了我們的好奇：為什麼會有人以百分之百的利率借錢兩天呢？那不合常理，但既然發生，就一定有它的道理。為探究這點，我們原本可以訪問那些極端或先驅使用者，但還有一個較具同理心的方式，可真正讓研究人員設身處地：我們決定自己申辦這些貸款，了解極端融資的詳情。除了實質抵押品（他們扣留我們一台相機到還完債為止），高利貸業者的風險降低策略還包括開車到我們住的地方、影印我的女助理艾妮塔的身分證，以及拿他的照相手機拍她的照片。這最後一項舉動無非暗示：她就是終極抵押品。

相信多數讀者會想當然耳地認定，你是你的身分唯一的擁有者，雖可能被歹徒冒用，但你就是不能簽字放棄。其實，在這個世界上有很多情況，對於那些幾乎一無所有的人來說，個人身分（以及隨之而來的名聲）是他們唯一擁有的抵押品，而實際上，他們已經把它交給其他人掌控了。以新山為例，未按時償還借款者，首先是住家會被潑紅色油漆，如果這樣還不還錢，那他們的照片會張貼在社區各處，附帶一句「別借錢給這個人」，讓借方的家人感到丟臉、幫他還錢來保護貸方的投資。事實證明這種手法的威脅猶如芒刺在背，使人不得不準時還款，因為在馬來西亞文化，「向人借錢」的標籤顯然非常可恥，足以為高利貸業者加油添薪。汙名不能用美金和林吉特（ringgit，馬來西亞貨幣）衡量，但同樣是經濟因素。

運用「為什麼」找出影響人們做決定的因素

這種「對比的理性」——文化價值的差異導致決策過程不同——幾乎可以在任何跨文化互動之中起作用，因此，培養出一種第六感格外重要：了解「為什麼」。

為什麼中低階層的印度人不接受塔塔納努（Tata Nano）這種針對他們的預算設計、起價約兩千九百美元的汽車？為什麼反倒傾心於貴十一倍的馬魯帝鈴木男高音（Maruti Suzuki Alto）？一般的觀念是，低所得民眾會消費符合其微薄預算的商品和服務，即所謂便宜貨。事實並非如此。如果你運用「為什麼」的觀念，藉由和最清楚事實的人——即他們自己——討論挖掘低所得民眾想要什麼的真相，你會發現：他們堪稱世上最難搞的一群顧客。正因他們必須讓每一盧比發揮最大效益，他們最負擔不起的就是設計不良的產品。就算手上有兩千九百美元，他們也承受不起把錢花在一部據說會自己著火的車子，而落得無車可用且無法替換的代價。

納努仍有無窮的潛力，因為一部兩千九百美元的汽車——能開的一部——仍可能成為改變市場的破壞性因素，就像一百美元的筆記型電腦或二十美元的手機那樣。這些物品如果真能協助人們克服面臨的主要障礙——運輸、教育、通訊等等——並且設計成令人嚮往、會為其擁有者傳達正面形象傳達的物品，仍可能在人類的日常生活中成為強而有力的工具。想要提供這類解決方案的企業、非營利組織、政府及科學家，必須先就他們意欲服務的對象進行抽絲剝繭、著重細微差異的了解。人們為什麼會過那樣的生活？如何在受薪工作匱乏時應付生活成本？有哪些因素在任何特定的轉折點刺激他們的決定？

深入城市，用全新眼光偵察

我們都知道有一種特定類型的旅客：從不偏離陳年地標路線和觀光陷阱，

對於另一種文化，他們只看別人為像他這樣的人精心挑選的一面，然後帶著可以預期——而不完整——的體驗回家。不過，也有喜歡探險、故意迷路，讓「出乎意料」找上他們的旅人。不同於第一種旅遊方式，允許自己在新環境迷路的人沒有那麼多保護，倒會有更大的失望（及被搶）風險，但也有大得多的機會獲得嶄新、獨特，能刺激新構想、新觀念的經驗。

一如旅客容易假借效率和預期之名落入觀光陷阱，最訓練有素、造詣深厚的民族誌研究人員，也可能因為機械性的習慣而陷入泥淖。

這麼說或許過於簡化，但典型的國際設計學術研究大致像這樣子：團隊搭噴射機到達新的事發地點、住進某企業飯店、和某人力仲介公司合作、搭計程車環繞城市進行情境訪談，在一天落幕時回到企業飯店，興致盎然而身心俱疲。這支團隊對於具有在地風味的體驗通常純屬偶然——隨便吃的一餐、半小時的必需品採購、採訪紀錄完成後的深夜鎮上玩樂。再去兩、三個城市重複這個過程，而在大夥兒齊聚一堂綜合發現成果之際，這支團隊的熱情已燃燒殆盡。他們取得資訊了嗎？多少有一點。他們獲得啟發了嗎？視情況而定。

快速融入當地環境

但其實有更好的做法。

不妨從偵察過程著手，尋找可讓團隊一觀居民日常生活的地區。這意味著從市中心扇形散開，尋找混有產業及地方性商業的住宅區。我試著讓團隊不住進企業飯店，而是一起住在一個住家[4]：通常是租屋，偶爾也與屋主同住。那除了比住飯店便宜之外，也易於嵌入當地文化，更能拉近團隊的距離。

其他研究人員傾向透過人力仲介聘請當地助理，提供有經驗的協助。我則比較喜歡透過當地的大學僱用學生——當然不是任何學生都可以，而是聰慧、人際交往主動的學生。他們會帶我們到能啟發靈感的城市各地讓我們寫每日團隊簡報，引領我們進入他們的社交網絡，並提醒我們關注在地文化的微妙之處。用全新的眼光看待計畫，就能帶來全新的觀點，以及桌上的新構想。只要可能，我都會試著挪出空間，讓學生跟團隊成員一起住。

相較於嚮導和翻譯員，我更常和記者助理（fixer）聯繫。他們是國際新聞工作的祕密武器，在當地擁有一些最穩固的人脈，也了解靠民族誌謀生者的社交踢躂舞：拿捏互動的分寸，讓採訪者得以提出問題，再讓受訪者掌控局面，以便提供有意義的答覆。

找到最自在的採訪空間

當我們來到一個國家，我們沒有太多時間適應環境，但我們可以管理的就是我們最寶貴的時間。這就是我們出動祕密武器的時候——更可能的做法是到附近的自行車行牽車。

騎自行車在城市穿梭感覺不像工作，但這確實給予我們迅速親自融入環境的機會。我們可以親身體驗城市的流動、節奏與脈動。更重要的是，那讓我們得以和數萬乃至數百萬居民處於都市生活的同一平面。

這件事得要在研究初期進行。我最喜歡也最簡單的方式之一是和城市一起醒來。在天亮前集合團隊，挑個適當的地區，然後趁店家還在拉百葉窗、送報生剛上人行道、在地人出門做晨間運動時一起到處巡行。搶購必需品——從咖啡、茶到新鮮麵製品和粥——幾乎處處都看得到類似的儀式，極為適合用於跨文化比較。如果有哪裡大排長龍，那就更好不過了，畢竟我們的工作就是開啟對話。

4 如果計畫目標包含設計，我們常叫這些房子「快閃工作室」，因為房屋格局跟坪數較大的家庭工作室極為相似，唯一不同的是我們也住在這裡。沒什麼事情比只沖一分鐘的澡，留點熱水給你五名隊友用更能表現同志情誼了。

有些對話的結果非常具啟發性，而那就是我們所企求。關鍵在於找到最具傳導性的空間：人們常去、會說真心話且覺得安全、可以把這天的時間交給陌生人的地方——因為我們會找陌生人做出這種請求。理髮廳可能特別有希望，所以我會去給人刮臉（有時一天兩次），跟恰好在店裡的人聊天。如果我們的對話維持得夠久，可轉為研究採訪，那很棒；如果受訪者覺得自在，願意邀請我們到他們家中進行採訪，那就更棒了。

如你將在後續章節所見，我們花了相當多時間努力理解過程每一步驟的所有資料，因此每當我們在某個城市待到後來，那個生活兼工作的空間感覺就像控制中心一樣，牆面每一吋都覆蓋著城市的地圖、參與者的檔案，以及就算沒有數千也有數百條的觀察心得、引言和洞見，而在那之中，便蘊藏了可能造就下一件「大事」的寶石。

重新想像自己所在的地方

剛展開事業生涯[5]的人常問我，最後怎麼找到這個夢想中的工作？我的工作確實極有成就感，但許多人並不能領略箇中奧妙。我沒有「最後」這回事。這是一場旅行，而我仍在思考如何從中汲取意義，如何讓它與家庭、生活、愛，以及最終為客戶提供價值達成平衡。

許多事物皆型塑了這段旅程，包括，沒錯，到世界最近與最遠角落的旅行；長途公路旅行奠定了理解及洞察文化的基礎，就算當時感覺起來比較像消遣而非工作。事實上，有兩方面的領悟雕琢了我對於「如何充分利用人生」的想法，也對我「最後」怎麼進了這一行造成極大的衝擊。

敞開心胸盡情享受

第一個領悟是，人的一生或許只需要做少許決定，而世間萬物，無論當時看來有多重要或多令人著迷，都會消退。當然，問題在於我們能否辨識出它們舉足輕重的時刻，投入心力取得最理想的成果。透過細細反芻我們自己和他人的經驗而獲取的觀念，使我們敞開心胸，盡情享受旅途中的微妙。那也詮釋了我們人類的演化，以及現在看來無法克服的事物，假以時日可能變成另一件你

5 以及經驗豐富的新聞工作者。基於某些理由新聞記者認為我在做他們的工作——而且有更多經費可花，還沒有截稿時間。

有辦法處理的事。

其中一項人生決定帶領我和當時的女友（現在的愛妻）從英國來到東京；當時我們幾乎身無分文、沒有工作、日語能力非常有限，但有強烈的慾望，想從這個當時在結合實體及數位設計方面首屈一指的國家學到東西。如果你想要在你的領域出人頭地，就必須思考哪種環境能讓你學到最多，並問自己為什麼不在那裡。對我來說，在生涯的那個時間點，那個地方就是東京。

每當我踏出我們的公寓大門，就能體驗或學習某件新事物，經過十年後，直到我們飛往下一個家的那一天，對我來說，東京依然是個挖掘不完的寶藏。久而久之，這種「以有趣的外地為基地」的原則，也隨著我的事業變化：在特定地點多花些時間會帶來不同且更深入的理解，就算有時會伴隨些許痛苦：當個有薪水領的觀察者、在各地安排深入參訪是一回事，這些參訪就是那樣——能透露的東西天生受限。當蜜月期逐漸結束、當你開始面對別人也要處理的問題：繳帳單、買食品雜貨、遇到扒手、看醫生、平衡預算、工作、生活、朋友，處理通勤途中能遇到最糟的事情，值得更深切感受的經驗也隨之來臨。對一個城市的理解，也在這時才真正開始。

這些年來，我做為國外基地的城市已遍及三座大陸，而每一次遷徙，都是觸發人生及事業的另一個階段，也都是因為深刻領會在某地的意義與不足。毫無疑問地，想把這個星球及其居民了解得更透徹的渴望，將會一直引領我們向下一個地方邁進。

換個地點，視野角度大不同

第二個領悟則與失敗的角色有關，這可一路回溯到我在英國布萊頓的濱海度假小鎮念書的時候。那時我的成績中等，大致喜歡上學，但心思甚少投入於課業——有太多其他事情可以作樂了。因此，大學入學考試一敗塗地應稱不上什麼意外：不只沒考上我想上的大學，更連一所大學都上不了。我的學業成績爛到不行。雖然我爸媽從沒這樣說，但那肯定傷了他們的心，畢竟他們已經投資了那麼多，提供讓我念大學的機會。

後來在家人的支持下，我們擬定了備用計畫：我重新參加考試，一年後再申請大學。就是從失敗、重考到勉強進大學的這段期間，播下了我未來事業的種子。有一陣子我搬去和柏林的親戚同住，就是在柏林，第一次在另一個國家生活時，才真正開始體認到，世界並非以英國為中心——以往我一直這麼想像[6]。

6 為理解人們的文化觀點，以及人們以世界哪裡為中心，我有一項測驗是請他們迅速畫一張世界全圖。這種世界觀往往會伴隨他們一輩子。

站在另一個地理位置、查閱一個城市、國家或全世界的地圖，這種簡單的舉動有助於強調：我們已經不在「那裡」，而是在「這裡」了。它會迫使一連串心理過程化為動作，最終協助我們塑造想要從人生汲取的事物：住在哪裡；遵循何種價值觀；現有社交圈比接觸新圈子重要；如何以既有事物為基礎創造發明等等。地圖在許多方面效用強大，特別是它讓我們得以重新想像這個世界，以及我們在這個世界裡置身的地方。

以全新眼光看待平凡的人類活動

從本書的開頭到最後，我將告訴你如何以全新的眼光看待平凡的人類活動，讓你也可以為獲取洞察力或靈感來破解社會規則，甚至以此發展事業。

首先，我們將一睹如何藉由探究我所謂的「門檻」來理解任何行為——在做與「不做」之間的轉折點。我們也將檢視所購買、攜帶的物品會如何型塑及表現我們在這世上的身分地位、我們如何顯露和賣弄，以及我們何時、如何以及為何選擇採購那些物品。我們將探討共通性與異常現象：一支兩萬美金的手機與一段僅值一美元、用來模仿齒列矯正器的鐵絲之間有何關聯；愛荷華州使用的混種玉米種子，跟奈及利亞黑莓機的普及度又有什麼關係。

用完整的稜鏡觀察世界

我們的焦點將從個人空間和技術拓展到公共空間：我們該如何航行於社會領域，什麼樣的物品和技術可為我們照路。例如，我會告訴你，閱讀標語（「非飲用水」或「禁止攜犬」）、海報和布告欄，教給你關於當地文化的事情——人們為什麼做某些事而不做另一些事——可能比導遊還多。我們將探究商店與消費者之間的信任如何傳遞，為什麼每一個背景環境都有它自己的「信任生態系統」，它又是如何影響在系統裡銷售的產品和服務。我們將細查人們隨身攜帶的物品（手機、鑰匙、金錢和其他求生工具）可以告訴我們人生哪些大大小小的事，當那些東西變成數位或無實體時會發生什麼事，以及今天你要如何解析「攜帶行為」來創造未來的行動產品與服務，最後，我們將探討資源有限的民眾是如何設計巧妙的辦法來解決通常相當複雜的問題，最高科技的設計師和研發人員又可以從世界最貧窮的消費者身上學到什麼。我將告訴你胡志明市灰塵瀰漫的後街上的一罐汽油、一塊磚頭和一條水管，如何構成最純粹的服務本質，一如全球一些最有錢的企業在他處提供的服務。我們將看看當混亂的問題催生出更混亂的解決方案時，會發生什麼事。例如可以想想，不識字的民眾為什麼寧可拿標準手機亂摸一通，也不願使用專為他們設計的手機。我們將徹底了解幫他人解決難題時遭遇的權衡和陷阱，並問問：既然在這個世界，無知既會助長抵抗剝削的戰爭，又會扶持不公不義的惡行，那麼行善有何意義。

雖然本書章節大多是循序漸進，我們採取的途徑卻比較像十字交叉，而非直線前進。我將描述的課題和技術雖有些零散的，你可以選擇以任何順序閱讀，不過還是建議用完整的稜鏡來觀察世界最為妥當，不要將其視為各自分開、彼此不同的鏡片。最後，我希望能讓你更清楚、更聚焦地觀察人性的混亂和變遷。在這個過程中，你或許會瞥見未來，或可能的未來，但最重要的是，你會獲得一套全新的工具，協助你的事業做好迎接未來的準備。

若真有這樣的東西可做為企業研究的「原始設定」架構，
那非顧客的「旅行地圖」莫屬：
對於一名顧客平常一天所做的每一件事，
它都能提供詳盡的資訊；
它能圖解顧客是如何從一件事轉而進行下一件事，
並鑑定出每一個可能會使用我們的產品或服務的接觸點。

01

如何在心中
劃分「做」與「不做」的
界線

你我或許未曾謀面。我也不知道你是在哪裡、又是會怎麼讀到這本書的。但我可以大膽假設：不論你在哪裡讀，應該都不會是在淋浴時讀吧！如果我錯了，那你真是太厲害了。但如果我對了，我就要問你這個問題：為什麼你此時沒在沖澡呢？

乍看之下這似乎是個蠢問題，但在設計研究方面，卻是那種讓我得以觸及使用者行為核心的基本提問。除非你設計的是婚戒或心律調節器，不然不會有一年三百六十五天、一天二十四小時隨時都在用的使用者。我的同事和我花了很多時間思考接觸點——使用者可能與我們設計的產品或服務互動的時間和地點——以及促使使用者在這些時間地點做出某種舉動的刺激因素。這些因素可以凸顯出新的機會：服務未滿足的需求，或是改進產品服務以更符合顧客的使用環境。但為了了解接觸點和刺激因素，我們必須考慮分開使用與不使用的界線——做與不做的邊界。

且讓我們帶著這個心境來到一家咖啡館，多數人會四處張望，看著一票人坐在桌前啜飲咖啡、聊天和敲筆記型電腦的地方。但一個好追根究柢的研究人員，則可能問為什麼沒有人上洗手間、為什麼會有人想上洗手間，甚至店家有沒有必要為顧客提供免費尿布。

像這樣的問題，無論看來有多蠢，都讓我們得以概略畫出使用者行為——以及人類行為——的界限。我們問這些問題是因為我們知道行為不是光受自然法則和國家法律支配，也被文化基準、社會背景、人際關係、個性和認知左右。當我們觀察任何行為，甚至是平凡如上廁所這樣的舉動，都能發現林林總總的因素在運作。我們的目標是釐清哪些因素會對行為起限定作用，而為了繪出正確的圖畫，我們必須把畫放進適當的框架裡。

替企業田野調查，找出人類做決定的門檻

在為企業進行田野調查的過程，常見的做法是從受訪者身上蒐集大量的生

活詳細資訊：從他們早上什麼時間起床，到晚上闔眼前做的最後一件事；跟誰去哪裡玩；去哪裡逛街購物；穿什麼衣服；為什麼喜歡某個品牌勝於另一個；跟誰有聯絡，為什麼。有些資訊或許彌足珍貴，有些則相當瑣碎，而我們會用多種技巧協助判斷孰輕孰重。當我們從蒐集資訊進入分析、綜合的階段，通常都會期待做到兩件事：理解我們觀察結果的意義，進而揭露我們相信非常準確而能與客戶分享的模式和趨勢。

對客戶和圈外的觀察者來說，如果你呈現的設計概念不在以研究為基礎、真實世界的框架內，看來可能會過於武斷。對於已棄絕量化市場調查的組織來說，光獲得啟發還不夠——他們希望能追溯到靈感的源頭。

為混亂資料建立秩序

每一項田野調查都要經過一層又一層的綜合步驟。在一次採訪期間，問題要從建立基本了解的問題進化到包含較多推斷的假設。我們一完成採訪或其他資料蒐集會議，團隊成員便會到最近的咖啡館集合，回顧我們取得的資料，致力針對我們覺得切題的事項建立共同的理解。資料，就像牛奶，新鮮喝最好；我們花愈久時間分析，就愈可能失去連結原始意義的脈絡。當天的某個時間，團隊會回到我們的「控制中心」，多半是飯店、民宿或住家的一個牆上貼滿筆記和構想的房間。在我們離開這個城市之前，仍能運用當地團隊時，經常會喜歡花一整天的時間過濾資料。之後回到研究室，我們可能會在一間牆上掛滿巨型泡沫塑料布告欄、欄裡釘滿數據資料的計畫室待上一、兩個星期，讓團隊從不同角度做有系統地整理。

在這個階段，我們必須開始把資料組織成有結合力的架構，但正確的架構——能為混亂的資料建立秩序、能將所有瑣細的陳述、事件和結果組合成一個故事的框架——並不容易找到[1]。好的架構能協助研究人員完成數件事：

- 呈現重大的事實：獲得一切重要資料，而未與任何資料牴觸的事實。
- 勾勒出橫跨時空的行為。
- 捕捉不同個體做出的不同行為，考量個人習性但不會過度歸納之。
- 創造有因果關係的敘述，因此如果有人嘗試對它提出「要是……會怎樣」的問題，便可以做出合理的假設。

如果有人看一看它，就能用最少的說明了解它、將它融入自己的世界觀，然後思忖新的方案，那麼它就發揮效用了。

1 http://www.servicedesigntools.org 提供一系列相當不錯、用於設計研究方面的架構和其他工具，以及一些簡單的個案研究。

繪製顧客門檻地圖

若真有這樣的東西可做為企業研究的「原始設定」架構，那非顧客的「旅行地圖」莫屬：對於一名顧客平常一天所做的每一件事，它都能提供詳盡的資訊；它能圖解顧客是如何從一件事轉而進行下一件事，並鑑定出每一個可能會使用我們的產品或服務的接觸點。顧客旅行地圖通常紀錄精確，外觀專業——有許多小表格，由許多線段連結，對於建立基本程度的了解頗具實效，沒有人能指責它武斷，但有時讀起來卻可能如同機械過程。

顧客旅行地圖有數種替代方案，其中有一種較不常用，但如果用得巧妙就十分實用的方案，可將幾乎任何人類行為的漫射光譜聚焦起來：門檻地圖（threshold map）。

繪製門檻地圖讓我們得以畫出「原始設定」的情況——人們多數時間經歷的正常狀態（例如，多數人從早到晚都覺得自己夠乾淨，不必停下手邊的事情跳進找得到的淋浴間）——進而了解當人們越過界線進入另一種情況時，發生了什麼事。往往，人們在接近或跨越一道門檻時的感受，會促使他們改變思考或行為模式。

設計工作室、研討會和實驗室皆善於測試及探究他們的產品能夠做什麼，以及在使用者手中能夠承受多少日常生活的折騰。大部分的保固都是基於「正常損耗」而設，而你可以相信，研究團隊花了相當多時間定義「正常」。但全球各地有愈來愈多公司在設計時不僅著眼於商品，更訴諸對於使用者的組成，以及最初刺激使用的因素等等，洞察力更為敏銳。而為了理解這些行為，我們必須走出實驗室，進入民眾的自然環境。

往往，當人們越過門檻，從一種狀態進入另一種狀態時，或是刻意要自己離開、避免越過那道邊界時，重點在於可不可接受，適不適當的標準是否改變。設計師若要理解何者在可接受的範圍內，何者又在範圍之外，就必須了解產品將被使用的情境，以及有哪些條件可能多少改變那種情境。

一如檢驗室可協助我們了解某項產品正常與極端使用（可能還有「過保固期」）之間的界線，設計研究也能助我們了解正常行為的範圍。而要傳達正常及異常行為，最有力的方式之一便是透過門檻示意圖。

為什麼一直重複某些特定行為？

關於人們是怎麼基於生理及心理狀態做決定，又做了什麼來維持或恢復特定的狀態，門檻可以教我們許多事情。為了讓你迅速一覽基本原則，我們來繪製一個你每天時時刻刻都要管理的門檻：飢餓。

請把你一天的生活想像成一條水平的時間軸，一端是凌晨十二點〇一分，另一端是午夜。標上你起床和上床睡覺的時間（暫且假設你可以一覺到天亮）。為了製造些許情境，請標出你一天會去的不同場所，以及在那裡花的時間，例如：家裡、通勤、工作、喜歡去吃午餐的咖啡館、回家順路購物的商店，然後又是家裡。再來，標出你吃東西的時刻，包括正餐和點心。在這個例子，縱軸代表你飢餓的程度。

現在沿著時間軸畫三條線，你的飢餓程度，會隨一天時間變化：

- 波峰門檻：超越這點，你可能會飽到連多吃一口的念頭都受不了。
- 波谷門檻：低於這點，你會餓得沒辦法做任何事。

這兩個門檻之間的地帶就是你的舒適區，在正常情況下，你會竭盡所能待在舒適區內。

除非你喜歡吃到瀕臨胃破裂，或禁食到快要餓死，這些門檻並非絕對。除此之外，它們也不會是直線。在一天之中，它們會隨著你經歷的種種情境而高低起伏，當你覺得腦袋需要養分來應付重要考試時，波谷會升高；當你累得管不了飢腸轆轆，只想趕快爬上床時，波谷會下降。

你的飢餓程度當然也不是停滯不動，隨著你愈來愈久沒吃東西，它會徐徐轉向波谷。如果你積極主動，且一心想待在舒適區裡，你會看到波谷到來，而在接近它時先找東西吃，不會等到達了才吃；你也會在到達波峰前停止進食。這是個簡單俐落，人人都可以想像的模式。

隨著事件調整門檻

但對多數人來說，它也不是切實可行的模式。生活中有許多不適用一般規則的時刻：你醒得太晚，上班來不及，所以在辦公室隔壁的咖啡館買早餐，屈服於誘惑而買了他們最有名的貝果；你從午餐飽到現在，但今天是同事的生日，你感受到社交壓力而不得不接受一塊巧克力蛋糕；又或者你很晚下班，發現自己正在食品店裡推著載滿慰藉食物的購物車，因為餓了，也因為你無法抗拒烘焙坊散發的新鮮香甜麵糰的誘人氣味。或許只要讀到那最後一句，你自己的舒適區就會調整了，只是調整的幅度可能視你剛剛有沒有吃東西而定。

當你想到虔誠的齋月齋戒或感恩節大吃大喝的慣例等極端事件，門檻會改變得更劇烈。這些外力都可能把本來相當規律的行為弄得一團亂，但門檻地圖的美在於它可以把這些時刻納入考量，加以標出，也標出其結果，而仍能提供一張清晰明瞭的圖——無論這三條線變得多凹凸不平。

我們也可以為不同類型的民眾繪製不同的門檻示意圖：二十歲運動員和四十五歲上班族的飢餓門檻圖有什麼不同？成功的節食者和強迫進食者又有何差異？

這是個簡單但效益匪淺的活動，除了更明白地揭露人們在做什麼和不做什麼、是什麼促使他們走出舒適區，也揭露更重要的——為什麼。這種方式也讓讀者得以迅速吸收基本原則，有助於深入剖析和說故事，尤其是例外的詮釋。

巧妙利用不便因素加以誘導

對許多人來說，舒適區是理想、中立的狀態，一如其他被人們稱為「正常」

的東西，也被一套社會及個人的假設所包覆，即便如此，個人的世界觀還是會從中透露出來。想當然耳，它自然也暗示著會有「不正常」存在，位於某條界線另一端的狀態，可能被視為極端，通常人們會選擇不要冒險。所謂的「不正常」，較可能是不舒適狀態（以前例來說，可能是覺得脹氣或過度飢餓），而落入這種狀態的人，可能會試圖盡快脫離。一如產品測試實驗室會探究某項產品為什麼故障，了解人們轉向極端的原因，同樣具有啟發意義。在我的經驗中，公司對於何謂正常都有相當程度的理解，卻對極端覺得棘手，這意味著他們不了解把正常拉往不同方向的張力。

只要想想這點：如果沒有一小時檢查一次電子郵件，你會覺得多不自在？你必須在健身房裡待幾分鐘才會覺得等一下可以來塊杯子蛋糕？一件襯衫要多久沒穿你才會決定送人？你家裡某件半故障的東西要變得多惱人，你才會騰出時間修理？理解這些例外，和要把你帶回舒適區所需的行為，往往能洩漏一些事後證明沒那麼小的小事情，例如：調整優先顯示未讀通訊的介面、使用健身器材的新定價模式、回收舊衣物可以紓解衣櫥的空間和誘發新的購買行為，以及社區共用DIY工具的分布模型。

諸如此類的門檻就是決策的根本因素，無論我們是否能明確設置。但堅守門檻又是另一回事，而坊間已有大量研究探討人們怎麼會沒達成目標。

明白人們做決定的門檻，就能操控行為

賭場是哄誘顧客走出舒適區進行冒險的能手，手段包括不斷提供酒精飲料、免費餐點和高劑量的氧氣。針對意志力進行的心理學實驗已證實，飢餓、失眠和決策疲勞（做太多決定引起的精神耗損）都可能撼動原本堅定不移的自律。消費者心理學家告訴我們，一些看似無辜的分散注意力事物，舉凡從聲音的片段到照明，都會促進衝動、非理性的購買習慣。理查・塞勒（Richard H. Thaler）和凱斯・桑思坦（Cass R. Sunstein）的著作《推出你的影響力：每個人都可以影響別人、改善決策，做人生的選擇設計師》（*Nudge:Improving Decisions About Health, Wealth, and Happiness*）中主張，「選擇架構」（choice architecture）——創造原始設定和微妙的鼓勵，建議某個行動方向而不強迫——可以勸使人們做出更好（或至少較符合正統理性）的決定。針對日常行為的順從性所做的研究如恆河沙數，這些只是其中幾個例子。

上述種種跟門檻地圖有什麼關係？設計研究非常擅長探究影響行為變遷的不同變因，而前面的例子一再暗示，這些因素時時在變，雖然變動方式通常可以預期。一張門檻地圖，無論來自量化或質性的資料，都讓你得以解釋這些因素的變動——就算行為沒有顯著的變化。它也能凸顯一個人會在哪些時間、哪

些地點置身改變的當口，因此最容易操控。所以，下一次當你處於迴避杯子蛋糕模式時，不要光想自己有多餓，也要想想身邊有哪些事情可能會提高你的波谷門檻，讓你不自覺改變心意。而如果你剛好是賣杯子蛋糕的，只要尋找又餓又累又精神倦怠的路人，推他們一把就可以了。

打扮是為自己還是為別人

讓我們回到前面提過的問題：此時此刻你為什麼沒在沖澡？透過門檻的鏡片來看，一個簡單的答案是：你正待在舒適區裡，在不舒適的（波谷）門檻之上。但什麼事情會把你推到門檻之下呢？又有什麼事情會把你推到波峰門檻之上，進入自信滿滿的地帶？我和團隊為一個大型高檔個人保養品牌進行研究時，就運用這些問題做為處理資訊的架構，並據此向客戶說明，它的顧客每天其實是怎麼打理門面的。

在數個亞洲大城，我們詳盡採訪民眾的打扮習慣，以及所有與這些習慣相關的動機和結果。我們認識他們的居家生活、社交生活、戀愛生活和職場生活，以及他們在每一種生活面臨的壓力。我們知道他們在什麼時候梳頭，什麼時候刷牙。同時也了解洗澡和站在洗臉槽前面的不同，甚至早上淋浴和晚上淋浴的細微差異，並實地走過他們上下班的通勤路線。藉由這種種資訊，我們得以為每一位受訪者概略畫出平常上班日與假日的一天，然後依照受訪者主要的打扮動機，將他們分為不同的原型：約會、想升官、管理體味或口臭等汙名等等。

每一種原型的習慣都有細微但顯著的差異。想約會的人或許會在星期六晚間上夜店前在鏡子前面花上一小時；有企圖心的員工或許會在每一次老闆路過時噴一下薄荷口氣芳香劑。另一種原型是無憂無慮的社會邊緣人，或許要等他意識到自己的蓬頭垢面會令人退避三舍時才會開始梳理。這些人都想方設法待在自己屬意的舒適區，但當我們加以標定時，這些舒適區的範圍看起來卻截然不同。

運用自我感知判斷

在門檻地圖上，我們寬鬆地使用「舒適區」一詞來描述一個人為日常生活維持現狀的區域，也就是做平常在做的事，而這通常意味著不會從事我們研究的那種行為。我們也會叫它「心情平靜」區或「大致ＯＫ」區，因為最終，測量行為的氣壓計就是人們自己的感知。

藉由這項打理門面的研究，我們發現這份對整潔的慾望和生理舒適與否沒什麼關係，反倒跟社會接受度和自信息息相關。許多受訪者都表達，當他們長時間獨自在家時，對任何形式的打扮皆興趣缺缺。如果在家打扮，大多是預期會有社交接觸；出門後的打扮則通常發生在他們開始擔心快要出糗、覺得必須做些修正的時候。

這種質性資料暗示打扮的波谷門檻位於人們不願在沒有梳理的情況下，從事任何社會互動（或某些特定互動，如開會或約會）。低於門檻的區域可謂「羞恥區」。相反地，另一端波峰門檻則位於信心的最高點，人們覺得自己外表人見人愛，絕對可以和世上任何一個人互動，哪怕是超級模特兒或國家元首。

如果有人掉到波谷之下，特別是在資源有限的情況（例如沒辦法馬上刷牙、淋浴或換裝），他的目標不會是瞄準高峰，甚或愉快的中間地帶，而是只要設法爬回波谷之上，趕快爬回去即可。做法可能簡單如噴一下號稱能「消除口臭」的口氣芳香劑、用冷水洗把臉、快速補妝、甚至是一個朋友安慰的讚美——任何讓你最起碼感覺差強人意的事。那些事情或許不如你想獲得最大信心而需經歷的複雜儀式那麼周密完善，但兩者的動機本就迥異：一者是讓自己看起來和感覺起來可被接受而不必再躲躲藏藏，一者則是一絲不苟地臻於完美。機靈的行銷人員會辨識出這種差異，察覺弦外之音：「你不必當隱士，而那不需太高的代價」對上「下個明星就是你」。

舒適區會因文化限制而變化

當我們戴上門檻的鏡片觀察使用者行為的界限，特別是以某個城市、國家或其他文化背景的範圍內時，社會標準就像光圈，會擴張及收縮舒適區。想想矽谷一間典型辦公室的服裝標準，其「可被接受」的範圍相當寬鬆——穿棉布褲可以，露出刺青沒關係，甚至邋邋遢遢也無所謂。相反地，在日本企業環境，「可被接受的服裝儀容」的定義就嚴格得多，因此創造出的舒適區也緊繃許多。一家企業的受薪員工應該要穿特定顏色的西裝、特定種類的鞋子和襯衫，並且無論身體如何不舒服，也要維持門面。那範圍之窄，以至於當日本政府制定節能空調政策、將夏日辦公室的平均溫度提高到華氏八十二度左右（約攝氏二十八度）時，他們必須同步發起一項行銷運動，鼓勵員工脫掉西裝外套、卸下領帶（也叫老闆不可因為這個原本不恰當的行為開除下屬[2]）。

如果你想要比較跨文化的行為，一種特別有效的做法是，選擇某個人的一些習性（功能運作基準線），再依據不同文化的限制擴大或縮小其舒適區。例如，尼泊爾農村一名體力勞動工人的體味，公認可被社會接受的程度為何？而他的表親，加德滿都城市中心一名學校教師的體味又如何？這可以讓你稍微明白哪些行為是會改變的，以及會在何時何地觸發。同樣地，如果你要跨越文化旅行，特別是商務出差（或其他讓你決心帶給當地人好印象的原因），明智的做法是先查清楚各種事物的文化基準，例如服裝儀容、攜帶的金錢，甚至是可被接受的喝醉程度，然後想想如何依此調整你自己的門檻。

偏激分子？模範市民？小差異大辨別

到目前為止，我們關注門檻地圖僅著眼於判別個人動機和行動架構。其實，繪製門檻的同時也為個人行為的諸多基本面向開了窗，根據社會學家馬克・葛蘭諾維特（Mark Granovetter）的說法，甚至可以用來理解集體行為。

一九七〇年代晚期，葛蘭諾維特試圖解決一個非常棘手的問題：如果有一

2 事實上，一共經過兩次嘗試才讓日本員工採信這個觀念：二〇〇五年的「清涼商務」（Cool Biz）運動及二〇一一年的「超級清涼商務」（Super Cool Biz）運動。

群人被認為言行舉止該遵守社會規範，但卻背離了那些標準，那是因為不成文的社會規範忽然改變了，或是因為各種個人動機已協力造成出乎意料的結果？在他概略提出兩個假設的腳本，兩個都找一百人聚集在公共廣場，瀕臨混亂。在一號腳本中，某個煽動者決定打破一扇窗，這鼓舞了第二個人投擲石塊，接著第三個、第四個，最後暴動全面引爆。葛蘭諾維特想像報紙的標題是：「一批激進分子進行暴動。」在另一個腳本，第一個煽動者仍打破窗戶，但暴力到此為止。這一次的標題這麼寫：「瘋狂的麻煩製造者打破窗戶，一群穩重的市民在旁觀望。」那麼，是什麼造成集體行動改變得近乎徹底？那九十九位遊手好閒者是突然變成反戰分子嗎？事實上，誠如葛蘭諾維特所解釋，只有其中一人如此——以最低道德限度來看。

如你所見，這群人之中的每一個體都會基於對暴動的效益（通便般宣洩憤怒）和風險（可能被逮捕），做出要不要加入的決定。除了那名無論如何都願意暴動的煽動者，群眾的其他每一個成員都在尋求某種程度的「人多勢眾」。較激進的成員可能會追隨煽動者的領導，或在幾個人之後起而效尤，比較保守的人則會等到幾乎每個人都參與才會共襄盛舉。這些就是他們的門檻——讓他們願意追隨其他人的人數。對那名煽動者來說，門檻是〇；對那百人之中最保守的一個而言，門檻是九十九（在這個假設裡，沒有堅定不移的自制者）。

過去績效不代表未來績效

上述第一個腳本，門檻的分布非常均勻。在煽動者之後，門檻為一的人扔了第二顆石頭，門檻二的人扔了第三顆，接著是門檻三的人，以此類推，直到大家都加入。然而，在腳本二中，有兩個門檻二的人，而沒有門檻一的人。在煽動者開啟事端後，兩個門檻二的人左顧右盼，看看有沒有第二顆石頭出現，好讓他們把自己的丟出去，但那第二顆石頭始終沒有出現。就算那一百人之中有九十九人志同道合，但他們的門檻沒有達到，後續情況便截然不同。

葛蘭諾維特的模組純屬假設，因此你可以主張，如果那小小的變化出現在門檻九十八而非門檻一，兩個腳本的結果就會大致相同。儘管如此，這個模組仍闡述了以下觀念：同樣一組個人動機，特別是極度仰賴背景的動機，可能導致迥然不同的結果——對個人及群體來說皆是如此[3]。一如投資公司喜歡在免責聲明提醒我們的，過去績效不代表未來績效。

但，我們多數人投身的都是未來績效的事情。我們想要改變世界，幹一番大事業，在宇宙留下足跡。表面上，一張門檻地圖看來沒有多大的助益。你可

3 在往後的作品，葛蘭諾維特繼續論證個別門檻會如何影響複雜的團體動能，例如住宅區的種族多元，以及大眾化在消費者需求中扮演的角色。

以說它是反應裝置，由過去和現在經驗的細節構成，大致聚焦在生活中平凡的一天，而非生命本身的過程。但它所欠缺的先見之明，都可用洞察力彌補。藉由畫出正常／可被接受／更合適的行為的界限，以及逾越這些界線的後果，我們便可著眼於創造新的工具來協助人們界定門檻、隨時意識到門檻、待在門檻之內，甚至擴展門檻。

創造未來的轟動之作

說到設計革命，並沒有所謂無縫接軌之類的東西，但從門檻的角度來看，又似乎確實有這樣的模式：首先設計師必須確定有一道門檻存在，並準確測定範圍、思考維持之道，再試著拓展舒適區。不妨回想一下，有史以來人們管理睡眠門檻的方式。

偉大的哲學家柏拉圖以他拂曉時分的講道著稱，在太陽升起之前便精力充沛地展開辯證。這個時間對師生都是挑戰：日晷或許是好的計時器，但頭頂沒有太陽時，便毫無用處。因此，柏拉圖使用了一種能整晚測量時間的機械：讓水細細地流，等累積足夠的水量，便會使風琴發出聲響，這種裝置固然不特別準確，但它卻為學園學生之間可被社會接受的行為確立了共同的門檻。就我們所知，柏拉圖可能說過類似「你貪睡半餉，便會錯失良機」（You snooze, you lose）的話；或許亞里斯多德那天就是遲到，沒上到課，便永遠失去老師關愛的眼神。

巧妙操控確立的門檻

快轉至兩千年後，工業革命重新定義睡過頭的後果。一家工廠得等到眾人到齊才能開始工作，因此準時醒來的門檻變得更嚴苛了。機械鬧鐘固然已經上市，但早期的版本證明靠不住，或說至少不可靠到無法做為遲到的正當理由。機械裝置起不了作用，但工廠老闆仍需要能實現準時的工具。這個簡單的解決方案是雇用一名「敲門工」，巡迴工廠工人的住處，挨家挨戶敲門敲窗，確定工人起床。

自此之後，我們已經克服準時的障礙。我們非常清楚自己睡眠上限的門檻在哪裡，但也發現，睡眠品質常會隨著我們接近那些門檻而衰退。為使我們繼續待在舒適區內，現在有鬧鐘和睡眠循環（Sleep Cycle）等應用程式（APP），會以最溫柔、最愉快的方式叫我們起床，分析我們的睡眠模式來計算我們最容易喚醒的時刻。

既然我們已確立睡眠門檻、準確測定它的範圍，並想出如何舒適地待在裡面，下一步就是巧妙地操控它。某種程度上，我們已經拿咖啡因操控睡眠門檻許久，但我們這些重度咖啡飲用者都知道，你還是無法戰勝睡眠。然而，軍事研究人員已經發現，服用某種劑量的大腦荷爾蒙「食慾激素A」（orexin A），可讓睡眠被剝奪三十六小時的猴子，把認知測驗做得跟充分休息的猴子一樣好。在十年內，我們有沒有可能一連數天流連食慾激素A咖啡館呢？選擇不要吃那種藥，但活在一天三十小時工時的人，將面臨何種社會壓力？如果，你覺得這聽來有些牽強，那不妨去問問醫師、護士、長途貨車司機或戰鬥機駕駛員的想法吧！

空皮夾意味著……

讓我們看看門檻模組可透過哪些方式協助我們在居住的生態系統——錢的世界——設計更好的服務。

二〇〇九年，我在諾基亞服務時曾針對新興市場的行動金融服務進行一項研究。當時，全球各地約有三十五億人口欠缺金融服務，雖然他們大半數擁有自己的手機。那時諾基亞正在研發一個以手機為基礎的系統，名為「諾基亞金融」（Nokia Money），使用者可以向商人繳交現金換取數位儲值點數存在手機裡，可以用來繳納行動通話費、個人轉帳和一般的保管事宜[4]。

為了這項研究，我們前往中國、印尼和馬來西亞，當街採訪勞動工人、到住家拜訪家庭主婦、和社會經濟階梯每一梯級的民眾聊聊，以便了解他們是如何花錢、存錢和帶錢的。我們問他們有沒有帶皮夾，為什麼帶，或為什麼不帶。也問他們願意隨身攜帶多少現金，攜帶鉅款的感覺，以及錢快花完的感覺。同時還要問他們如何避開風險——不光是搶劫，還有如何避免超支，如何避免被發現沒有現金，且沒辦法獲得更多現金？

許多受訪者會採用儲備金策略。如果皮夾乾涸了，他們還有一小筆現金貯放在其他地方（有時放在一隻襪子裡，有時放在別的口袋，在高竊盜風險的地方，甚至會直接縫在一件衣物上），可以在他們回到家、到銀行或自動櫃員機之前應急。這種儲備金特別有趣的地方是，人們既拿它來嚇唬自己，也用來減輕恐慌。空皮夾令人目不忍睹：代表已經到達一個非常沉重的門檻。但它不是「我沒錢了——現在我要怎麼回家／買東西吃／過日子？」的門檻，只是一個

4　諾基亞金融二〇一一年率先在印度推出。

警告的門檻。如果我有儲備金，我就知道空皮夾不是世界末日——它只意味著是該改變行為和花費的時候了。

反饋機制設定警告門檻

就現金交易而言，空皮夾是個牢靠且非常具體的反饋機制。在較無形的層面，**心理學家已經發現，有吝嗇傾向的人會在腦部俗稱「腦島」的區域運用反饋系統**。腦島負責產生厭惡感，例如在我們聞到難聞氣味、看到可怕圖片，或者——似乎如此——一雙會重創預算的布魯瑪尼（Bruno Magli）皮鞋的時候。

但當我們使用信用卡、簽帳卡和行動錢包時，我們不會盯著看皮夾是不是空了，也因此無法一直仰賴腦島來引領我們。這就是好的服務設計可以介入的著力點。

Mint.com網站專門設計來協助使用者通過警告的門檻。任何人都可以把他們所有的銀行帳戶、信用卡、投資和帳單整合起來，然後設定預算和金融目標。當超出預算、帳戶結餘不足、有大額交易，或發生可疑的行為時，Mint.com都可以發布警告。這項服務大受歡迎，卻也對銀行造成行銷壓力，使原本可以靠顧客超過限度大發利市的銀行，不得不跟進提供類似的警訊。

我們知道有這種門檻存在，如今也有辦法主動標示出來。未來，我們還可以設計什麼樣的工具幫助人們待在舒適區呢？什麼樣的工具甚至可以擴展舒適區？或許有人會設計出這樣的系統：了解你的產品喜好和預算，以此列出可同時滿足兩者的購物清單——甚至更好的，自動送貨到府。

現在是思考及設計下一步絕佳起點

創新的潛力也存在於支出舒適區的另一端：憂慮的門檻。**每當你面臨一個要花錢的決定，你就在消耗若干認知的能量，付出在行為經濟學上稱為「精神交易成本」。當心理的損耗超過購買本身的價值，你便達到憂慮的門檻。**這就是為什麼許多以網路為基礎的小額付款機制會以失敗收場——就算你願意在每一次想看貓在外太空的合成圖片時付一便士，但你或許不想每次付一便士時都得考慮。這也是為什麼人們喜歡訂閱勝於逐次付款，以及就算有足夠的現金，也想刷卡付餐廳的帳（虛擬付款包含的精神交易成本比實際付款低）。

說穿了，攻擊憂慮門檻就是設法消除精神交易成本。一個方法是把它「委託」出去。想像你的車與你居住城市的停車系統連線——它知道全市目前每一個空車位，以及每一個車位的停車費。它不會問你要不要多走兩條街來省一美元，而會基於你的喜好（省錢，或離目的地愈近愈好）幫你做決定。你停車時也不必餵錢給計時表，而是自動刷信用卡或從智慧理財帳戶扣款。

那麼，我能夠肯定無疑地說：我們的未來就是這種面貌嗎？當然不行。門檻和門檻地圖只是協助我們為現在觀察到的事物建立架構的工具——進而了解現在就是思考及設計下一步的極佳起點。

雖極盡挖苦之能事，
范伯倫有兩件事說得鞭辟入裡：
要追求地位，就需要事證支持你的理想；
而炫富，或許乍看下不入流，
卻是證明你不窮的有力證據。
但就如同荷蘭研究人員所發現，
奢侈授予的絕不只有富裕的光環而已。

02

從日常生活中使用的物品，看到的身分地位演出

古羅馬時代，長袍是全國性的穿著，不分男女老少，社會各階層都穿。它普遍到不會有「我嬉皮、年輕、時髦」或「我是決定交易、操縱權勢的機器」之類的廣告詞，雖然執政官和主教會用紫色的滾邊裝飾他們的長袍來凸顯其顯赫地位。但到了西元前二世紀，長袍成了一種身分象徵，只有執行公務的男人可以穿。羅馬還制定禁奢法律，明確規定誰可穿、不可穿哪種長袍或使用哪種染料。女人完全禁止穿長袍，除了娼妓——她們被迫穿長袍，做為羞恥的標誌。而除了國王，以及後來的皇帝之外，沒有人可以穿全紫色的長袍，那是最高的權力象徵。

挑選一件簡單的日常用品，突然為它灌注強大的象徵主義，這種做法或許看來武斷，但**在我們當今的品牌及炫耀性消費文化中，幾乎架上每一件商品都可看作是某種個人身分的表徵。**我們用「膚淺」一詞輕蔑地形容過度關心這類象徵的人，但其實我們全都有某種程度的關心，因為我們全都把物品——明顯的如珠寶和汽車，微妙的如我們放在廁所的報章雜誌——當成傳達自身各種面向的工具。或許我們不會像羅馬人那樣，只因穿錯服裝就被罰錢或入獄，但我們仍遵循不成文的社會規範，衣服怎麼穿、家裡怎麼裝飾，甚至時間該怎麼看都受其支配。

社會情境支配你怎麼使用物品

當我們置身平常的情境時，我們非常清楚這些規則，然而，一旦我們踏入不熟悉的社會情境，新的規範就可能使我們暈頭轉向。一套助你在某家企業找到一份錢多事少工作的古馳（Gucci）西裝，穿去低檔酒吧就可能引來嘲弄，說你愛擺闊。因此，「禁忌」（taboo）一詞在其東加語的根源具有「被禁止的」和「神聖的」雙重意義，應該不令人意外吧？

這種區分酷與不酷、別致與窘、垃圾與珍寶的規則，有時相當淺顯，有時則難以領略。茫無頭緒的消費者品牌期望趨勢追蹤者，可以找出最時髦的小孩在做什麼、想什麼、穿什麼，以及那件事物能否傳達到大眾。有些人覺得這就是我在做的事，事實上，我的工作和趨勢追蹤者實有差異。**趨勢可能是反映時**

代精神的實用指標，但創造趨勢和跟隨趨勢的人，必定會從一波趨勢跳到下一波趨勢，因為基本上，他們是受「保持流動」的慾望驅使。

趨勢追蹤者著眼於最近的模式，我的客戶則比較有興趣了解會影響人們自我表現的根深柢固、歷久不退的慾望，以及其他因素。當人們展現他們的個人物品時，那就好像在邀請你穿過門廊進入他們的自我——他們是誰、他們自以為是誰、又希望你以為他們是誰。但在你走進那座殿堂之前，你必須先了解它坐落的所在地區。

牙齒矯正器暗示的形象與財力投資

社會學家厄文・高夫曼（Erving Goffman）在《日常生活中的自我表演》（*The presentation of self in everyday life*）中以戲劇表演的術語描述互動：**每一個人都扮演表演者與觀眾的雙重角色。**一如舞台戲劇，每一場表演都在布景內進行，以一個場景為中心——即處境（situation）。任何表演者都可以試著定義一個處境，但如果沒有共識，事情就會變得尷尬。想像你和一個朋友坐在車裡，收音機播放著一首流行歌曲：你要跟著搖擺，還是轉換頻道？或許你不喜歡那首歌，但你的朋友愛死了且立刻定義處境，所以為了友情，你吞下自尊，擺出彈吉他的姿勢。有些處境會預先設下定義及行為準則，且認定每個參與者都知道如何有適當的表現。就此而言，粗野就只是在錯誤的場景做錯誤的表演罷了。高夫曼引用了一九四〇年代一份針對水手所做的研究報告，那些水手回家後忘記甩掉他們在海上的習性，比如有人提到他不經意要他媽：「把那該死的奶油遞過來。」

少了炫耀，人們能認出高檔精品的價值嗎？

二〇〇五年，我在諾基亞服務時決定測試一下這個構想：一件代表身分地位象徵的物品，一旦被帶入一個未加定義的處境而沒有大肆、漂亮地炫耀，將無法靠它自己定義那個處境，或我的身分地位。當時我人在紐約出差，正在找一個臨時辦公處，一個同事安排我使用威圖（Vertu）的辦公室。威圖是諾基亞的高檔手機品牌，為獨立運作的子公司，二〇〇二年上市時，《連線》（*Wired*）雜誌曾報導：「威圖於時尚週期間談到巴黎上市的相關事宜時表示，第一批要價驚人、高達兩萬四千歐元（二萬一千二百四十美元）的裝置，將展現藍寶石般的水晶玻璃螢幕，並提供清晰如莫札特交響樂的聲音。」一如威圖的設計主管哈奇・哈奇森（Hurch Hurchison）告訴《金融時報》（*Financial Times*）的品牌緣起：「我們的概念是，在會議期間把這支手機擺在桌上的人，會被視為房間裡最有權勢的人。」我得來瞧瞧這一點。

當我離開威圖的辦公室時，我半開玩笑地問我能否借一支他們的手機試試性能。他們震驚非常（尤其因為我弄壞手機就像別人穿破內衣一樣），但還是答應，從上鎖的抽屜拿了一支出來。我沒告訴他們的是我要把它帶到日本：那裡威圖還沒上市，而且他們內建的GSM（泛歐數位式行動電話系統）將被當地的3G網路基礎設施弄得音訊全無。除了當門擋，我只能拿它做一件事：手動啟動鈴聲——或試著判定，在一個只有手腳極快的國際地位物品採用者才認識或欣賞威圖的地方，它能否不辜負哈奇森的廣告。

我帶威圖手機前往東京都高級地區代官山的數間咖啡館，策略性地放在桌上，看看會引起什麼樣的反應。有一群對於時尚、設計和藝術敏感度極高、有新貨問世必搶先採用的日本人，會發出松露獵犬般的低吠，但即便是在社會規範允許人們把奢侈品拿出來炫耀，允許陌生人相互攀談目光被什麼吸引的地方，也沒有人嗅出它的工藝或標價，就算它「價值」一般日本勞工九個月的薪水。我不知道他們是否認定我是房裡最有權勢的人，但他們無疑不會排隊來親吻我的戒指（手機）。

范伯倫效應點明了人類身處的炫耀財世界

威圖既令我著迷又感冒的一點是，除去鈦、藍寶石和水晶玻璃的外表，它的電路板和使用者介面幾乎和你花百分之一的價錢就買得到的裝置一模一樣。威圖的價值主張部分來自它的排他性、一對一的精品店服務，以及該款手機是由手機工作室專為眼光最敏銳的委託顧客手工精美製作的概念。但它真的值那個價錢嗎？換句話說，在供給與需求的古典經濟世界裡，有任何理性的消費者會在市場第二便宜的選擇要價比它低一萬九千美元的情況下，心一橫砸兩萬美元買一支手機嗎？

答案是：當然不會——但話說回來，我們並非住在古典經濟的幻境。**我們是住在像威圖手機之類的范伯倫商品（Veblen Good，即炫耀財）的世界，需求會違背常理地隨價格提高而增加。**「范伯倫效應」（Veblen effect）一詞是在一九五〇年由經濟學家哈維·萊本斯坦（Harvey Leibenstein）所創，他指出，消費者的需求不僅取決於商品的功能，也與若干社會因素有關：「流行」的渴望（從眾效應或「樂隊花車效應」〔bandwagon effect〕）、脫穎而出的渴望（「虛榮效應」〔snob effect〕），以及「炫耀性消費」——半個世紀前由社會學家托爾斯坦·范伯倫（Thorstein Veblen）提出的詞彙。

范伯倫在《有閒階級論》（*The Theory of the Leisure Class*）一書中概略描述了統治階級用來區分自己與臣民，以及富人用來凸顯自身優越性的社會方程式。「要贏得及維繫人們的尊敬，光靠擁有財富或權力是不夠的，」范伯倫寫道，「財富或權力必須加以印證，有證據，人們才會給予尊敬。而財富的證據不僅可以強調某人對其他人的重要性，並讓這種重要的感覺生動逼真，在建立及維持自我滿足方面，幾乎同樣效用卓著。」我消費，故我在。

奢侈不只意味著富裕，還有地位

地位所需的裝備與建立身分有關，但「相對身分」也很重要，而**奢侈就是富人展現他們能為窮人所不能為的一條途徑**。誠如范伯倫酸溜溜地說：「透過炫耀性消費的完整革命，無論商品或服務或人類生活都洋溢著明顯的言外之意：為有效修補消費者的好名聲，一定要做奢侈品消費。要受人敬重，就一定要揮霍。消費樸實無華的生活必需品沒有任何好處，除非是和連最低生活標準都達不到的悽苦窮人比較；支出標準也不該來自這樣的比較，除非平凡乏味到極點。」

雖極盡挖苦之能事，范伯倫有兩件事說得鞭辟入裡：要追求地位，就需要事證支持你的理想；而炫富，或許乍看下不入流，卻是證明你不窮的有力證據。但就如同荷蘭研究人員所發現，**奢侈授予的絕不只有富裕的光環而已**。

蒂爾堡大學的勞勃．納立森（Rob Nelissen）和馬爾金．梅傑斯（Marijn Meijers）針對設計師服飾對社會的影響進行一連串的實驗，結果發現明顯的設計師標籤可造就更多工作推薦、為慈善機構募集更多善款，以及在金錢分享的遊戲中促成更高層次的合作。他們兩人派一名研究助理到一家購物中心招攬受訪者進行一項假調查，當她穿著有湯米．希爾費格（Tommy Hilfiger）商標的毛線衣時，有百分之五十二被她攔下的民眾答應做調查，而當她穿沒牌子的毛線衣時，只有百分之十三的人同意。不過，標籤不是只會帶來正面的效果。當納立森和梅傑斯告訴這場金錢分享遊戲的參加者，那件設計師針織衫是他們送給助理穿，暗示她不見得有足夠的財富或品味來買那件衣服時，那件衣服便不再具有任何效果。它不再是真實的地位象徵。但我也在自己的研究中發現，真實性不見得重要——有真實的表象即可。

用贗品暗示具有財力

二〇〇七年，我在曼谷針對女性想要從行動電話得到什麼，以及更廣泛的，身為曼谷年輕女性的意義進行研究。我們陪著受訪者散步穿過曼谷無盡的濕氣和呼嘯的摩托車陣，研討會後，還請幾位當地參與者當我們的導覽，度過他們覺得在這個城市完美的一天，值得寫一本書介紹的豐富體驗。我們一度發現自己置身於一個相對貧窮的地區，在一個突然冒出來的街頭市集遛躂，那兒充斥著叫賣小販，從農產品到太陽眼鏡什麼都賣。我們偶然遇到一個突出的攤位。說它突出，不是因為它在賣什麼特別吸引目光的東西，事實上，它只有一張毯子和一座臨時的展示架。架上是廉價的硬紙板卡片，畫著卡通式露出牙齒的笑靨，而橫跨牙齒的是簡單的鐵絲，兩端塞進卡片裡：假的齒列矯正器，售價僅三十九銖（約一．三〇美元）。

這不是賣襪子的小販在新品旁邊賺點外快的例子。賣這款假牙套的先生沒有販賣其他貨品，暗示了這東西的需求不小。他的攤位似乎吸引了不少來往的人潮，尤以青少女居多。我不敢說他們是把這些矯正器當玩笑或認真看待，但如果他們願意忍受把這些金屬放進嘴裡、完全包住牙齒的疼痛和不便，或許就是把那個代價視為外表的合理投資。當然，假牙套不會把誰的牙齒變整齊，卻可以給人牙齒或許有一天能變整齊的印象。更重要的是，它暗示戴的人（或者更可能是她的家人）有財力支付像齒列矯正器這樣的奢侈品。

印象管理的力量

曼谷的牙套是個令人好奇的案例，而這不只是因為牙套乍看下並不像地位的象徵，更不是人們會偽造的那種東西。一個女孩為什麼要選擇戴假牙套，而不是穿冒牌的古馳T恤之類的呢？或許她身上兩者都有，但在像曼谷這樣滿街都找得到、誰都可以穿仿冒設計師服飾的地方，假牙套是較不明顯——因此更令人信服——的花招。

如果齒列矯正器可視為地位的象徵，那是否代表任何東西都可能是呢？還有其他許多看似不可能但確實是地位象徵的例子。在一份以美國西班牙裔青少年的低社經地位為題的研究中，研究人員發現，隨身攜帶的武器可能提升一個人受歡迎的程度和社交地位。在伊朗，伊斯蘭政權禁止養狗的國家，狗被反政府的世俗主義人士視為堅忍不拔的反叛精神的正面象徵。在阿拉伯聯合大公國，汽車牌照，特別是只有一位數的牌照，已成為炙手可熱的物件，二〇〇八年二月，數字「一」的牌照在拍賣會以一千四百三十萬美元售出。而在世界各地，從開羅到重慶，我已經拜訪過許多會對有吉利數字或連號的電話號碼加收費用的第三方手機商。

你可以說這是迷信的市場力量，但它骨子裡是印象管理的力量。在世界許多地方，電話號碼是最基本的身分認證，而幸運數字與不幸運數字傳達的印象天差地遠。當阿富汗政府開始核發數字「三九」開頭的牌照時，拿到這些牌照的民眾一陣嘩然，因為三九被認為是「皮條客的數字」，非常有損名譽。一如阿富汗人不想被看成淫媒，特別是透過車牌這樣的公開展示，多數文化的民眾也不想被視為另一種形式的皮條客：那種無禮地炫耀自身財產的每一個富裕和地位象徵的人。但我們為什麼會將這種恥辱的標籤貼在某些人身上，而非其他人——又為什麼會貼在某些物品上，而非其他物品呢？

從廁所、住家空間到冰箱裡發現有趣的線索

二〇〇九年在中國西安進行一項行動金融服務研究時，我開始好奇：為什麼我們有時要展示、有時要隱藏現金或銀行月結單，而其他具有相同貨幣價值的東西就不用呢？當我們走進餐廳，為什麼社會可接受你把手機（地位象徵）放在桌上，卻無法接受你取出所有現金或信用卡在面前一字排開？為什麼這樣的舉動我們憑直覺就知道不對，所以壓根兒不會去試？那可能是因為我們認為

現金是名副其實的髒東西，上面都是細菌，放在餐桌上顯得不衛生。但就連看起來比較乾淨，有時也會反映擁有者想展現某些個性的信用卡，一般也不允許放上餐桌。

為符合平時信念，去了解我們為什麼不打破不成文規定，而非理所當然地認為我們不可以，因此我決定試驗一番。在和研究團隊及當地聘請的助理一起吃晚餐時，我請每一個人把自己所有的現金和信用卡攤在桌上。如你想像，這對所有參與者來說都是尷尬、不自在的經驗，無論覺得自己有太多或太少現金、太多或太少信用卡而引人側目，或純粹擔心失竊的風險。

不同於桌上的手機——方便取用的優點（如果有電話或訊息進來，能馬上從螢幕看到）和失竊風險可能相對平衡——把錢拿出來沒有類似的好處。另外，方便取用的概念為桌上的手機創造了站得住腳的社交理由，就像美或時髦的概念為昂貴的服飾和珠寶創造社交理由、追求刺激的概念為跑車和內建高度計的手錶創造理由一樣。但亮出一疊現鈔就沒有合理的解釋了，除非你是里約熱內盧的毒品販子，大家都知道如果偷你的錢會被斷手斷腳。

但對我們其他人來說，社交理由相當重要是因為那讓我們得以遵照習俗，對彼此假裝我們不愛慕虛榮。我們假裝自己沒有那麼在乎社會地位，因為我們希望自己顯得平易近人。如果你走進矽谷一家咖啡館，排在某個剛踏出一輛破舊的富豪汽車（Volvo）、身穿牛仔褲和 T 恤的人後面，那你大可猜他可能是個想呈現「樸實」的億萬富翁。

從住家展示看屋主的炫耀心理

凱特．芙克絲（Kate Fox）在著作《瞧這些英國佬》（*Watching the English*）中提到，英國各階級對「如廁閱讀」的喜好，是為了——嗯哼——他人長時間的拜訪而策略性地選擇在廁所擺哪些書報雜誌，有條奇妙的弧線。勞動階級傾向在廁所裡放幽默小品（笑話集）和運動雜誌。中下階級和中中階級的英國人不喜歡在馬桶旁邊擺書，認為這樣會給人粗俗的印象。相反地，中上階級「常在廁所設置迷你圖書館」，審慎管理，有時矯揉造作，但通常不拘一格、兼容並蓄，「且有趣得常使客人沉迷其中，得大叫請他們出來用餐」。最後，上層階級又與勞動階級十分類似——幽默和運動。似乎只有中上階級最在乎給客人留下深刻印象，但你也可以主張上層階級也在炫耀，只是他們的目標是在自己的豪宅裡營造質樸家庭的氛圍。

英國文化絕非唯一把住家當成地位象徵品陳列室的文化，但英國中產階級家庭，或是美國、歐洲等多數西方地區的中產階級家庭，和多數亞洲中產階級家庭的作風截然不同。西方人遠比亞洲人可能帶客人回家，這有數個原因。亞洲城市的住家通常遠比西方住家小，因此比較沒有空間讓大家聚會，也比較沒有房間（即正式的客廳、客浴及客房）設計成擺放給客人看的展示間。亞洲的外食文化也較興盛；在英國或美國，上館子和自己下廚的成本差異很大，在中國的差距甚微，因此待在家裡的財務動力也較小。而傳統上，亞洲城市的住家自有率偏低，因此改建和居家修繕的觀念也比較新，不過近來已蓬勃發展：上海的住家自有率已從一九九七年的百分之三十六提升到二〇〇五年的百分之八十二。但亞洲文化中的民眾對擺在家裡的展示品投資較少，不代表他們真的對展示品的投資較少——他們反倒更可能購買在公眾場合使用的展示品。

從細微處找尋訊息

這些文化差異自然在我們研究期間造就不同的經驗，特別是我們進行家庭訪問時。在西方家庭，我們一般會經玄關而入，通常可能會在玄關看到全家福的照片或類似的私人裝飾；亞洲住家的進門處則可能單純到只剩必需品——脫鞋子的地方、掛鑰匙的鉤子等等。西方人較可能提供「導覽」，帶客人一一參觀房間，炫耀藝術品或其他暗示地位和喜好的東西，反觀亞洲文化，拜訪大多侷限於客廳。在埃及和阿富汗等國家，開放給賓客與私人空間之間的區別更強烈，主要是性別差異使然。在多數文化，臥房都是禁區，但或許會讓客人匆匆看一眼。如果你在西方住家借廁所，通常會被帶到次浴，裝飾得比較漂亮的一間，而非住戶盥洗時主要使用的那間。反觀亞洲住家多半整戶只有一間衛浴，所以你會看到較多住戶真正在使用的東西。

不管拜訪東方或西方家庭，我都很想看看人們亟欲展示的可愛小飾品或傳家寶，但我發現要了解住戶的喜好和抱負，食櫥和冰箱也很重要。即便我進行的研究主題是工作家庭平衡或風險管理之類的，我一定會找藉口看看冰箱裡的東西：他們購買的品牌、選擇的生活方式，以及這些東西可能如何凸顯或牴觸他們所說的其他事物。

冰箱和廚房是居家調查裡唾手可得的果實：一般覺得那裡讓客人逛一下並無大礙，屋主通常也認為那裡不會透露太多訊息。冰箱向來也會放置食物之外的商品，例如住戶使用的化妝品或藥物。在冷藏室，除了預期見到的東西，你什麼都可能發現，從「拿來餵蛇」的死老鼠到藏匿的毒品或其他違禁品——千萬不要以為人們記得自己擁有什麼東西。你可以看出住戶有沒有酗酒；他們偏愛有品牌的還是沒牌子的；可以看出他們是否介意多花一美元在番茄醬上。你可以從冷藏室裡一瓶灰雁伏特加（Grey Goose），了解「地位」在住戶心目中的價值。一旦你得到住戶某種程度的信任，便可以問他們，它的品質是否值得你多花那些錢。答案通常是「我看不出差別在哪兒」，如果這個問題在訪問後段提出，你更可能得到一句「欸，可能不值得。」

揭露人們渴望的社區照相館

家當然是能深入了解人們擁有什麼，又為什麼擁有那些東西的好環境，但有時你也可以從人們沒有的東西獲得同樣多的資訊。我最喜歡的背景研究訣竅之一是前往當地的照相館，即人們會去拍肖像照的地方——有時會拿道具或站在奇幻的背幕前（或事後再用修圖軟體後製）。有些照相館，特別是提供大頭貼的，會用顧客的相片裝飾，而那些相片可以告訴你大量這類的資訊：如果人們想要什麼，他們就會擁有什麼；如果他們想去哪裡，他們就會去哪裡。撇開偶爾見到的蠻荒西部和維多利亞時代的布景不談，那些道具和布幕多半能就人們真正的熱望提供寶貴線索，無論在現實中能否獲得那些實物。在紐奧良，首選物品似乎是凱迪拉克；在阿富汗的馬扎里沙里夫，首選是一頭沉睡的獅子或一套軍裝，或是拍照者綁繩索讓軍事直升機垂懸；而法拉利和槍，似乎在世界各地都大受歡迎。

大眾精品滿足人們追求表象的虛榮心

或許你會納悶，為什麼要特地研究人們喜歡的那些他們幾乎不可能擁有的事物。真正的法拉利和獅子對於未來的銷售而言，這些物質幻想或許不是最好的指標，但就如同曼谷的牙套，它們可以呈現出人們想要和哪些品牌和品質有所關聯，就算他們無法擁有實物，聰明的商人會想辦法創造「大眾精品」（masstige），適合平民的氣派：在追求者的支出限制內給予他們期盼之物的某些面向，藉由研發入門障礙較低的產品來打造新的市場。只要想想這世上有幾部法拉利，卻有多少法拉利的鑰匙圈飾品就好。

我最喜歡的大眾精品範例之一，是可以在全世界各城市通勤者的耳朵裡見到，或掛在他們脖子擺盪的蘋果（Apple）耳塞式耳機。它們的售價大約要最便宜的 iPod 的一半，可能也要 iPhone 的十分之一，但對無力負擔核心科技產品的消費者來說，這款耳機是進入蘋果生態系統的門路。誠如前蘋果高級行銷主管史蒂夫．查辛（Steve Chazin）所說：「戴上白色耳機，你就是俱樂部的一員。」誰在乎它們是插在你口袋裡那部廉價的仿冒手機呢？重要的是表象。

微型化象徵著地位極致

現在我們已經走到這個時間點：科技愈來愈小、愈來愈難以察覺、且更常連結到我們看不見的東西，這將對於用科技來炫耀社會地位的行為產生何種影響？大致上，它取決於有哪些價值被視為地位的象徵。

金錢財富永遠具有價值，但我們愈來愈將時間視為珍貴的資產，因此把工作委託出去、時間節省下來的能力愈來愈被視為地位的重要象徵。另外，自由的時間，自主運用時間的自由，也有愈來愈正面的意涵。這似乎暗示，隨著社會變得愈來愈超連結，斷絕連結和維持不連結的能力將成為更重要的地位象徵。如果愈來愈難「關掉」——不接電話、度三星期的假——那「關掉」也將成為少數有辦法關掉的人的特權。

我很喜歡這麼說：技術放大了行為。它既幫助試著行善的人行更多善，也幫助企圖為惡的人為更多惡。如果你住在烏干達農村，而你或（如果你是男性）

你的妻子即將分娩，如果可以打手機請助產士過來幫忙，當然比跑六哩路到最近的醫院容易得多。而如果你想炸毀汽車，手機是簡易爆炸裝置相當好的遙控器（撇開行動電話干擾器不談）。按照這種假設，科技進步應該會讓想炫耀的人更容易炫耀，讓地位崇高的個人更容易維護隱私，也讓地位低的人更難逃離這種地位的束縛。

看誰在使用以及如何使用

想像有一種植入耳後的通訊裝置，提供一天二十四小時全年不斷的連線。它會是高地位或低地位的象徵？其實都有可能，端看是誰在使用——以及如何使用。

這樣的裝置會讓權力在握者更嚴密地控制下屬，同時讓下屬受制於更高程度的奴役，因為他們沒辦法把它關掉。技術會放大雙方面的角色，但既然每個人都得答覆某個人，真正的地位象徵或許是「未植入」。

微型化還有另一個結果是，隨著裝置脫離視覺介面而趨向完全聽覺，該介面可拿來炫耀地位的要素，就剩對話本身了。在某方面來說，這就是地位的極致：如果你對看不到的東西說話，雖然看不到那個東西，它也不會忤逆你。如果你想對你的聽覺介面說：「幫我訂一張明天到土耳其的商務艙機票。安排飯店，然後打給喬福瑞說我這個週末沒辦法去高爾夫俱樂部，謝謝你，拜拜！」它不會說你是騙子。你可能是和你的門房服務互動，也可能只是和你（非常困惑的）電腦應用程式說話。這就像那個老笑話：一個律師剛搬進新的辦公室，為了讓第一個進門的準委託人印象深刻，他拿起話筒說：「很抱歉我太忙了，沒辦法接你的案子，就算你給我幾千美元也沒辦法。」他掛斷電話，轉向站在他面前的男人，說：「好了，有什麼需要服務的地方呢？」「噢，其實沒有，」那個男人回答：「我是來這裡幫你連接電話線路的。」

設計下一個地位象徵品

設計時裝和飾品的人都知道，解析市場對地位象徵的需求相當重要，必須明白哪些象徵能凸顯財富、個體性和現代感等關鍵價值，但對於如冷氣機這般世俗之物的設計師來說，地位的鏡片同樣彌足珍貴。

在冷氣機的市場，有些消費者僅被功能驅動：「我只要它會冷就好。」有些則同時受功能和節約驅動：「我希望它會冷，也希望它愈便宜愈好。」他們做決定時可能會考慮品牌：「我想省錢，但我不會花一筆錢買不知名的狗屎，我怕那一下就壞了。我會花錢買我認為能用好幾年的東西。」而有些消費者，會尋找符合自身價值觀，包括能源意識和奢華生活等，並讓他們得以清楚投射這些價值觀的品牌；這種消費者在社會所占的區塊大得多。

且讓我們以中國為例。如前文所述，自有住宅已成為一件大事，隨之而來的便是對於住家的投資。在此熱潮之前，或許你是住在一間又小又破的屋子，並在那裡長大，或許從你出生就認識你的鄰居會不請自來，但你不見得會邀請大學好友來玩。但今天，房子本身，以及它屬於住戶的概念，已經成為向上流動的象徵。所以，如果社會的巨大潮流是人們愈來愈常邀請其他人到家裡，那麼他們買的是看來實用也真的好用但奇醜無比，還是適當品牌、適當款式的冷氣機，就顯得事關重大了。但在此同時，對於要買第一部冷氣機的家庭，或是鄰居和朋友從未擁有過冷氣機的家庭來說，醜陋但實用的冷氣機仍舊看來氣勢非凡。

有時謊言也能透露真相

要了解人們想要什麼，最有效的方法之一是觀察、記錄，並找適當的時間點加以詢問，但也別忘了，**他們的答覆會經過美化，因為他們想在更美的燈光下展現自己，而答案本身可能就表達了他們心中企盼的地位。有時謊言也能透露真相**。如果你在進行使用者研究，一定會想找出人們想要積極凸顯哪些正面特質，又想迴避或隱藏哪些負面特質。這裡有一把輕巧的分類傘，由演化心理學家喬福瑞．米勒（Geoffrey Miller）所提供：生理特性（包括健康、生殖力和美）；性格特徵（諸如良知、親和力，和接受新奇的開放態度）；認知特性（即一般智能）。

同樣重要的是人們想凸顯那些特性的渴望有多強烈。有些人比較浮誇，有些人喜歡輕描淡寫，也有些人試圖完全避免顯現地位。想像一個人在任何時候可透過物品和外貌——即高夫曼所謂的「表演裝備」（performance equipment）——展現的特徵總和，包括正面及負面的。接著我們可以取用我們手邊的門檻工具，詢問：你離開這間屋子，或請人來作客需要的表演裝備，絕對最小值是多少？你願意呈現的表演裝備最大值，即你的奢侈極限又是多少？超過哪個界線你就會覺得太招搖而必須低調一些？

文化因素影響地位價值

接下來還有影響地位價值的文化因素，而要了解這些，我們需要加上更多鏡片，這我們會在後面討論。類似古羅馬長袍的矛盾，有些物品可能在一個文化代表地位崇高，卻在另一個文化代表地位低下。住在倫敦或紐約的人皮膚曬黑，在他人眼中那是有空暇時間的象徵，或許是去熱帶度假，或至少上了日光浴沙龍。來到中國或泰國，曬黑就成了農夫在田裡辛苦幹活的標誌，中產階級崇尚較白皙的肌膚。因此，在曼谷藥妝品店的架上，你會發現數十種含美白成分的肌膚保養品；在美國，昂貴的潤膚霜都有染色。這是否意味著，使用這些產品的民眾，彼此截然不同呢？

相信厄文．高夫曼一定同意莎士比亞所說，世間男女都只是演員，人人都在生命扮演許多角色——唯一的差別在於，世界不是一個舞台，而是數以百萬計的舞台，而上頭有數億甚或數兆件道具和服裝。我們扮演的角色、說出的對話，以及擺出的姿態能有多少說服力，端看它們搭配舞台布景時有多少說服力。但無論我們站在哪一個舞台，正確的道具和服裝都可以讓我們看起來，甚至感覺起來悠然自得。

「未來的衝擊」（future shock）——
未來學者艾文・托夫勒（Alvin Toffler）曾這麼形容
「在太短時間內發生太多變化」的心理效應，
是今天地球上每一個活著的人，
終其一生都會一再遭遇的現象，
但這種現象出現的動力、發生的速度，
以及遇到它時採用或不採用的後果，
卻時時在變。

03

驅使人們採用新技術的祕密

星期五上午尖峰時段的東京新宿區車站堪稱現代世界的奇景之一，熙來攘往衣著整齊的通勤者悄然通過驗票閘門，沒入洶湧的服裝流，跟著流向巴士和人行道，前往他們位於公家機關或日本企業的辦公室。在大東京都會區的三千五百萬居民中，有三百六十四萬人每天都會取道這座世上最繁忙的車站。好不壯觀啊。

找個人潮邊緣的有利位置（最好一邊啜飲一杯剛煮好挺不錯的咖啡），你可以親眼目睹都會的編舞藝術。當通勤者通過驗票閘門時，很少人會縮小步伐，而是向前伸手，把他們的包包、皮夾或電話放在一個感應器上，只讓那東西停留到獲得一聲嗶的確認，閘門同時打開。仔細觀察，你會發現這天早上只有少數人還在插入實體票券——機械時代的宏偉建築。由於絕大部分的流量為每日通勤者，多數人已投資數位替代選擇：預付通勤卡，或內建於手機裡的行動預付裝置[1]。

不間斷的腳步證明了人類在這種系統背後的獨創性、通勤者學習及改善重複性動作的能力和渴望，以及人類願意嘗試新的做事方法的適應性。十五年前，通過這些閘門的人潮要不靠機器，要不就由站務人員驗票。只要想到售票機前的人龍，和遺失或毀損那種又小又容易撕破或壓皺票根的風險，人們會投資大量時間心力研發數位設備應不意外。

用成功機率最大的方式發展服務

就二十世紀末及二十一世紀初而言，日本提供了全球前緣行為（leading-edge behavior）的範例。這種公共建設投資與技術生態獨一無二的結合，造就了一場證明難以在他地複製的饗宴。日本擁有整合緊密的高科技製造業基礎，以及或許更重要的，人民與企業之間穩固而容許進一步整合的關係。這些讓通勤者不必慢下腳步即可通過驗票閘口的基本技術，也可用於自動販賣機和便利店購物、

1 超級都市智慧卡（Super Urban Intelligent Card），簡稱 Suica 或行動 Suica（「Suica」的發音類似「suika」——日文的「西瓜」）。一些非常早期的採用者也拿 Suica 卡進行實驗，削去卡片的邊緣，貼在手機殼的內側，形成「行動票證應用程式」，之後才真正整合到手機裡。

讀取廣告資訊[2]、在東京許多車站開不用鑰匙的置物櫃、付計程車錢，一度還可以透過整合的筆記型電腦進行網路購物。在新舊的矛盾衝突中，它也可以拿來支付信箱裡那份實體早報的費用。

在多數國家，電子付款和票證系統主要是基於便利的承諾賣給消費者：可省去交易過程的時間、不必像雜耍一樣做那麼多事。在日本，還有一個訊息推廣了使用這種系統的益處：你比較不會給別人添麻煩。團體重於個人的觀念在日本人心中遠比美國或德國等社會重要，在後者，人們比較不在乎身邊的人。（關於日本人的禮貌，有個最顯眼的例證發生在冬天：在其他國家，民眾會戴口罩保護自己，避免接觸到他人的病菌；在日本，生病的人戴口罩是為了避免他人接觸到他自己的病菌[3]。）在這個等式中，在閘門使用紙票（或在便利店結帳時用零錢）會帶來稍微減慢速度、耽誤他人的感知風險。一如人們為自己所做的其他「要不要用」決定，他們這麼做是為了私利——但既然個人名聲也仰賴遵從社會規範來建立，他們也是為了多數人的幸福著想。每一種社會壓力的核心都是一根刺，它刺激個人做得更好、做得更多，或採取不一樣的行動，或許還有嘗試新的事物。

對於希望為市場注入新產品、新服務的公司來說，理解採用的推力和拉力——個人動機、背景和文化規範碰撞之處——是成功的關鍵。是什麼驅使某些人較早採用、某些人較晚採用、某些人完全排斥某種技術呢？我們又該如何善用對採用曲線的了解，並以成功機會最大的方式來發展、鎖定和傳達我們的服務呢？

從雜交玉米看人們如何採用新物品、新想法

當我們想到流行尖端，市場上最近、最偉大的創新時，我們的思緒一般不會轉向玉米，美國心臟地帶永遠的主作物。但我們現今對於人們如何採用新產品和想法的概念，卻出自於愛荷華州的玉米田。

在一九四〇年代的一系列調查中，愛荷華州立大學的社會學家布萊斯・萊恩（Bryce Ryan）和尼爾・葛洛斯（Neal Gross）進入兩個務農的社區研究雜交玉米（為

2 Suica 海報，或名 SuiPo，運用 Suica 技術讓路人得以透過 Suica 卡和海報互動，方法與現在民眾使用的 QR 碼相當類似。

3 你可以說，若真要體恤他人，不如根本不要出門上班，但這當然較難以獲得團體的證實。這或許適用於重感冒，較不適用於較輕微的病例。

提高產量而進行異花授粉的玉米品種）的採用情況——用得如何、什麼時候用、為什麼用，以及誰在使用。從那份研究中，同樣來自愛荷華州大的經濟學家喬伊・鮑蘭（Joe Bohlen）和社會學家喬治・畢爾（George Beal）製作了一個模組，而這個模組本身自一九五七年發表後，已獲得無數超出農業範疇的研究人員、分析師、策略家和學者所採用。

畢爾—鮑蘭擴散過程模組看採用過程

這個畢爾和鮑蘭稱為「擴散過程」（diffusion process）的模組，共可分成五個各自獨立、循序漸進、且人人在採用路上都會經過的階段：

- 意識階段：獲知這個新東西的存在，但不見得知道它是什麼、它能做什麼，以及怎麼做。
- 興趣階段：也許對那樣東西了解不深，但聽過夠多人說，因此覺得那可能有用，且值得一試。
- 評估階段：開始自我進行某種心理試驗，想像在自己的生活中應用那樣新事物的情形。
- 試用階段：實際進行測試。

．採用階段；這是最後階段。畢爾和鮑蘭定義為「大規模持續使用某種構想」，但更重要的是「對此構想感到滿意。」

這個區分值得注意，因為我們很容易落入把「採用」和「使用」畫上等號的陷阱。這有兩方面的謬誤：其一、人們可能會買一部很炫的新相機，過沒兩星期就決定留在家裡，改用手機的相機，那不盡然意味著她已經放棄那部很炫的相機（她可能只在家裡或特殊場合使用）；其二、成本導向的消費者常會遇到一種情況：他們不再對自己擁有的某項物品，例如舊式摺疊手機的概念感到滿意，而已經滿足於他們尚未擁有、但已存錢準備購買的某樣東西的概念，例如 iPhone。如果他們已經評估、測試過 iPhone，且決定購買，那你不會說他們已經採用 iPhone 了嗎？至少我會說他們「半採用」了。

採用過程的早晚對應出嘗新能力高低

不過，畢爾—鮑蘭模式最引人注目的部分，當然也是造成最長久影響的部分，是它們對「採用曲線」的分析：誰最先採用，誰最後採用，以及誰介於其間。開路先鋒是創用者（innovator），他們通常在群體裡備受敬重，且有群體外的人脈，因此得以接觸新的構想。基本上，創新者擁有大量風險資本——他們有能力嘗試新的事物而不必太擔心萬一失敗會損失金錢和聲望。創新者之後是早期採用者（early adopter），他們通常比較年輕、教育程度高、在團體裡表現積極，也是熱切的媒體消費者。驅動創新者和早期採用者的一大關鍵因素是他們與生俱來的好奇心，不斷嘗試新事物和新體驗的渴望。這可能讓他們成為涉獵廣泛的業餘愛好者，或促使他們投入大量時間在特定領域而成為該領域的專家。無論哪一種，都讓他們在次級社群（例如電玩或攝影愛好者組成的網絡）取得戰略位置，一方面是引進來自其他團體新構想的先行者，另一方面則是率先知道其專業領域任何最新發展的領導者。

如果創新者和早期採用者找到了新奇、亮麗之外的明確優點，「早期大眾」（early majority）便會開始注意到它。這些人多半較年長一些，或許教育程度略低、消息沒那麼靈通，但基本上是意見會被尊重的人。這最後一點頗為微妙：早期大眾可能具有相當大的影響力，但如果他們的好品味是其聲望的唯一根源，自然不會想承擔因採用一件廢物而賠上聲望的風險，所以會先等著看事態在創新者和早期採用者手中如何發展。年紀通常更長且不追隨新興趨勢的「晚期大眾」（late majority），或許要到接觸早期大眾時才知道有新構想存在，但他們通常會跟進。最後，社會有些落後者（laggard），一種是原本固執地抗拒改變，最後心不甘情不願地接納；另一種是與社會脫節到某種程度，因此連已穩固確立的技術都沒接觸過。

非採用者自有拒絕或否決的主張

不過，還有另一個族群：非採用者（non-adopter），我認為可再細分為「拒絕者」（recuser）和「否決者」（rejector）。拒絕者不肯採用某種產品或技術是因為他們覺得自己不需要，或者沒有它可以過得一樣好。否決者可能有同樣的心情，但更覺得那種技術違逆了他們世界觀的某些要素，因此把不採用當成一種積極的抗議。舉例來說，如果你請某些年輕美國都市人評論某個電視節目，拒絕者可能說：「我沒看過」或「我沒時間看，」否決者則更可能驕傲地宣稱：「我沒電視十五年了。」

非採用者並非穴居人——他們知道有新技術，甚至經歷過採用之前的興趣和評估階段，但在某個節骨眼，而這可能出現在採用曲線時間軸的任何地方，他們決定那樣東西不適合他們。他們可能是早期階段的拒絕者，試用過東西而覺得不符合標準，也可能是多數階段的否決者，看過別人用而認定那太時髦，不符合他們個人的癖性。在某種程度上，諸如此類的否決者視否決為一種維持名譽的事情，就像早期採用者珍視他們的採用一樣；否決者看壞事物，一如採用者之看好。比較粗魯的可能會在汽車保險桿貼一張《卡文與跳跳虎》（*Calvin and Hobbes*）漫畫裡卡文對福特（Ford）標誌撒尿的貼紙；稍微狡猾一點的可能會穿一件蘋果標誌置於紅色圓圈中央，被一條對角線劃過的T恤。

視採用曲線修改商品或服務

畢爾和鮑蘭在發表他們的雜交玉米種子採用研究時，自稱只著眼於兩個多少有點明顯的主要概念：一、採用不是自發性的決定，而是按階段發生的；二、並非人人都立刻採用。在解釋第二個概念時，他們證明採用者和其他約莫同一時期採用的人，通常具有某些相同的特徵，而事後來看，這似乎是他們報告的真正關鍵。這就是我們研究採用過程的原因：因為這是市場區隔（market segmentation）一個非常有機的形式。精明的設計師和行銷人員非常擅長在鑽研採用曲線時，視需要修改提供的商品服務。

身為研究人員，我發現採用行為是一副美妙的鏡片，讓我們得以詳盡觀察人們遇到新東西時面臨的緊張和壓力。對我的客戶來說，這副鏡片也可以凸顯他們下一個顧客可能是誰，那些人將如何在生命裡為下一樣東西挪出（或不挪出）空間，以及哪樣東西將為它的第一批擁有者、後續擁有者，甚至發誓絕對不會擁有的人帶來何種影響。儘管我們花了九牛二虎之力才讓商品上市，但一旦擺到架上，它的採用、消費、排斥和其他種種都會型塑它的樣子，它可能的樣子，最後也改變了我們。

技術改變了我們的身體：電玩和手機已進化使用者的拇指，而過去一些便於我們抓握東西的附加物，現在成了某些人擁有的最靈巧手指。技術也改變了我們的心，以及我們決定要在心裡留住什麼：想想前一次你記憶電話號碼或做長串除法是什麼時候。

技術放大現有行為

在一份標題為《谷歌對記憶的影響：隨手可得的資訊帶來的認知後果》（*Google Effects on Memory: Cognitive Consequences of Having Information at Our Fingertips*）的報告中，來自哥倫比亞、哈佛和威斯康辛—麥迪遜大學的研究人員發現，使用網路降低了人們從記憶汲取特定資訊的能力，卻提升了我們回想如何上網取得資訊，以及在網路哪裡取得資訊的能力。在為這個所謂「谷歌效應」做總結時，他們提出：「我們仰賴『高科技產品』的地步已不下於我們仰賴從朋友和同事那裡獲得的種種資訊——如果斷了聯繫就會失去資訊。失去網路連結的經驗愈來愈像失去朋友。我們必須一直讓插頭插著來獲悉谷歌知道的事情。」只因便利的工具和資訊需要。

這些改變發生的速度也比以前快，這不必然是因為技術變遷較快，而是因為我們採用較快。主流大眾已加快採用和拋棄現今工具的速度。連線增加——包含人與人、人與物和物與物——意味著要不要選擇一種新技術的問題，逐漸變成要不要進入技術所屬之社群網路的問題，而從最廣義的角度來看，這就是選擇進入或退出社會的問題。

一如我們可能會想像我們的設計在顧客和委託人的手中，能否因應他們遭遇的特殊情況，他們拿到設計時，也假設了它的用途和可接受的使用範圍。當技術放大了現有的行為，它或許能使我們記得更多、喊得更遠或跑得更快，但我們無法假定圍繞那些行為的社會價值會立刻改變，以促進新技術的採用。

畢爾和鮑蘭僅點到為止，而我相信質性、情境研究基本上是可以深入探討的，是促成那種區隔的社會壓力，以及當採用者對尚未採用者發揮影響力時，那些壓力會對採用曲線產生何種作用。前文已經讓你稍微了解這種作用，以及反射性設計和行為設計如何對其社會力學產生影響，現在讓我們更深入一些，看看當社會壓力變得強大到真的改變採用曲線的形狀時，會發生什麼事。

社會及社交壓力如何影響採用曲線

如同我們在前一章所提到的，投射社會地位和鞏固同儕團體關係的願望，可在任何情境使行為出現偏差，例如決定允許別人聽到我們對話的哪些部分，或是改變穿鞋的風格來迎合某社會團體的喜好。現在讓我們檢視一下，它會如何在充滿社交壓力的環境之一：高中，改變採用曲線。

二〇一一年我在奈及利亞進行一項研究。奈及利亞是非洲人口最稠密的國家，對於能在當地建立市占率的公司而言，雖有點複雜，仍是報酬豐厚的目標。一如非洲許多國家，它有相對年輕的人口，年齡的中位數常只有歐洲或北美國家的一半[4]，而當地的技術採用情況反映了年輕及價格敏感度較高的人口統計趨勢。

社交網絡在世界各地都是青少年生活的固有層面，在非洲更是如此，因為年紀較輕、社交積極的人口比例較高。在聘請我們的在地團隊成員時，可以從他們的檔案判斷其在臉書的亮相夠不夠頻繁。奈及利亞一般民眾對臉書的熱愛

4 例如，埃及、奈及利亞和烏干達二〇一二年的預估年齡中位數分別為二四・九、一八・四和一五・二，英國、加拿大和美國則分別為四一・二、四二・四和三八・五。

顯而易見，藍色方塊裡截短的白色F，在報紙文章無所不在，為當地業者和手機公司做足廣告。在任何場所，顯眼的外國人常會引來某種形式的搭訕，而在奈及利亞，姑且不論對錯，你會和有趣及有錢畫上等號，或許還是生意或社會上的人脈，能助他們獲得更好的生活（這項研究著眼於較貧窮的社區，因此搭訕的情況更普遍）。過去，在社交談話進行到某種程度時，團隊成員會被要電話號碼或電子郵件，但在奈及利亞，這已經換成「你的臉書名稱是？」（這句話問的方式，以及發問者是誰，暗示有時發問者知道這是可以問的問題，但不見得發問者真的有臉書帳號，或真的對臉書服務有足夠的認識進而登入及傳送交友邀請。）

太短時間發生太多變化，你選哪一邊？

如果我跟你要聯絡資訊，你會給我什麼資訊呢？家裡或公司的地址？郵政信箱？你的電子郵件信箱？即時通？Skype？室內電話？手機號碼？推特暱稱？答案部分取決於為什麼會問這個問題，但我們對於每一種媒介的涵義都有不斷演化的想法：那是新奇的還是過氣的，是普遍的還是排外的，易於還是難以使用，以及基本的優缺點為何。當某人要求或提供超出你預期世界觀的接觸點時，那會掀起情緒波瀾，部分原因是那表示你該想辦法學學新的東西，別再用舊的了，另一部分暗示著世界已經前進，而你落伍了。如果在這當兒你是笑容忸怩的臉書愛用者，請知道這件事：你的時代會來得比想像中快。

「未來的衝擊」（future shock）——未來學者艾文・托夫勒（Alvin Toffler）曾這麼形容「在太短時間內發生太多變化」的心理效應，是今天地球上每一個活著的人，終其一生都會一再遭遇的現象，但這種現象出現的動力、發生的速度，以及遇到它時採用或不採用的後果，卻時時在變。

約莫在我人在奈及利亞的同時，聽說有一個南非的家長談到夏天一過，他兒子班上的孩子通通從諾基亞換成黑莓機，主因是黑莓機通訊ＢＢＭ（BlackBerry Messenger）這個有專利的即時通訊服務，僅限黑莓機用戶使用。在一班三十個學生中，如果有八個社交最活躍的孩子用ＢＢＭ聯絡，其他二十二個人真的有不採用的選擇嗎？如果他們沒有ＢＢＭ，他們將只能聽到哪些對話，將錯過什麼，他們的經驗將和班上同學如何南轅北轍？若使用ＢＢＭ的不是最具影響力的八個孩子，而是兩個呢？如果只有一個呢？在哪個時刻對話會被侷限於哪種通訊管道，而在哪個時刻選擇退出，或拒絕那個管道的決定，會成為退出主流社會的決定？

社會影響、同儕，都是人採用創新與否的推力

這些問題讓我想起過去十五年來，我曾親眼目睹採用手機的動力：主流採用者會施壓予落後者，要他們也去弄支手機。其中一種施壓方式是，手機用戶會發展出可以在一天任何時候馬上找到聯絡人的期望，不管他們人在哪裡，而當只用市話的使用者無法滿足他們的期望，他們就會變得沮喪。從某個時候開始，成人使用者開始買手機給親人（通常是長輩），因為新電話的成本比不上親人一旦上街就聯絡不到的不便。公司也開始幫員工配手機，無論員工想不想要。無論落後者是如何開始採用行動電話或任何科技，不管壓力是在何時累積到落伍者不得不採用的程度，那通常是社會規範已然轉變，採用那種技術不只是標準、亦合乎預期的徵兆。

但早在採用曲線攀升到多數人開始強迫落伍者之前，社會影響力已經在採用上扮演要角。那個影響力可能來自大眾媒體，但多半來自同儕。借用一句政治俗諺：所有採用都是地域性的。嗯，幾乎所有啦。

目前擔任南加州大學公共衛生計畫主任的湯瑪斯．瓦倫特（Thomas Valente），研究生涯花了相當多時間分析社交網絡和社交網絡對創新傳播的影響。他在著作《創新傳播的網路模式》（*Network Models of the Diffusion of Innovations*）中闡釋，採用

行為可以透過社交網絡的門檻模式（聽起來很熟悉吧？）來預期。他主張，某個人是否採用的關鍵要素，是他的同儕採用創新的人數；當那個數字累積到個人的門檻，他就會轉而採用創新了。

採用類型門檻皆不同

瓦倫特分析的數據來自一九五〇年代美國醫師針對四環素（tetracycline）這種抗生素的採用情況，以及一九六〇年代巴西農人採用雜交玉米，和一九七〇年代南韓已婚女性採用家庭計畫服務的情況所做的研究。這些數據資料與畢爾和鮑蘭的觀察結果一致：最早的採用者，即創用者，受較大社會體系的影響最大，而受個人社交網絡的影響最小。因此創用者的網絡門檻極低，或許低為零，意即就算沒有同儕這麼做，他們也可能採用。

但，在創用者之後，瓦倫特發現各種採用類型的門檻皆不相同。高門檻的早期採用者可能很早就接觸到某件創新，但等到許多同儕採用才採用；另一方面，另一個在同時間採用，按照古典定義也被視為早期採用者的人，發現創新的時間可能晚得多，但因為網絡門檻低，立刻就採用。同樣地，門檻低的落後者可能是瓦倫特所謂的「隱士」，非常晚才接觸到創新的人，而門檻高的落後者就可能真的是不肯採用甚久，直到夠多同儕欣然接受創新才屈服。

瓦倫特的研究提供了三項重要的課題：

一、採用曲線只訴說故事的一部分，而同一時間採用的人，受人影響的方式不見得相同。

二、有些人，不論是早期採用者、多數人或落後者，都會立刻受到同儕影響，其他人則會觀察同儕的行為一陣子再做決定。

三、那些與較大社會體系比較時被歸類為落後者的人，可能是其個人社交網絡中的早期採用者，反之亦然，端視其網絡與社會體系的外部連結情況而定。也就是說，你可能覺得令堂是「盧德分子」（Luddite，十九世紀初強烈反對機械化的人），但她的朋友可能把她當成時髦女神崇拜。

搶先留下數位足跡

那麼，這些因素在現代的線上社交網絡如何呈現呢？我們知道現在的隱士比較少：在奈及利亞，有網際網路連線的人所能取得有關技術和趨勢的資訊，跟在美國的人幾乎雷同（雖然速度通常較慢），所以落伍是高網絡門檻，而不是活在岩石底下的結果。（請記得，限制消費的經濟因素不等於限制採用的社會因素，至少就畢爾和鮑蘭「對此構想感到滿意」的定義而言是如此。）

我們也知道，資訊競爭愈是公平，那些門檻很低、又想在朋友之間博得首開先河美名的人，面臨的壓力便愈大。要當第一，他們必須更早採用，但那也意味著得冒險採用尚未證明有用的創新，而且要堅持得更久，就算支持的賽馬是錯的，也要先炒作一番才放棄，以免失去「影響力人士」之名聲。而既然有更多被採用的創新要不與線上社交網路連結，透過那些網絡招徠生意，要不本身就是社交網絡，因此要分辨誰是落後者、誰是具前瞻性思考的影響者，還有誰是只為早點採用而早點採用的人，就更容易了。有些人將非得建立新帳戶不可，無論他們是否打算使用那項服務，以便拿下（有人會說「占用」）他們偏愛的使用者名稱，既為方便（也難免造成他人不便），也因為認定那項服務會以某種方式反映誰在何時加入。當一切活動都會留下數位足跡時，內行人和門外漢，影響者及被影響者，在整個網路一目了然。

色情產業具有驅動技術採用的力量？

到目前為止，我們一直以微觀的角度看待採用行為：了解每一個人採用的時機及動機，同儕對他們有何影響，以及他們如何試著對同儕發揮影響力。現在讓我們把鏡頭拉遠，用宏觀的角度觀察：文化如何促進或抑制採用；要上哪裡尋找大規模的早期採用行為，以了解一種較新的技術如何影響一個生態系統；以及創新在克服舊障礙時，會面臨哪些挑戰。

每當我進行實地研究，想多認識這幅全景圖時，都會從觀察一個看似不可能的領域著手——當地的色情市場。

很多人常常想到性，有些人滿腦子都是。回想一下，你今天有沒有遇到哪個人而任憑自己眼神飄蕩，心神恍惚。無怪乎色情業是個龐大的產業，據估計光美國的年收入就達一百四十億美元，約為它體型較大、名聲較佳的娛樂業兄弟好萊塢的三分之一。我在研究色情市場時，特別感興趣的是因為其俗稱「引人入勝的內容」（compelling content），需求強大得足以驅動消費方式。或者換句話說，色情具有驅動技術採用的力量。

世上有其他許多種引人入勝的內容，因地因人而異——運動比數、天氣預報、救命的醫療資訊等等——這些也都相當有趣，但在我心底，它們欠缺色情之所以吸引研究的一項特色：它是禁忌。社會賦予色情的汙名凸顯了「反射性吸引力」（reflective appeal）的概念——一如人們會被能助他們炫耀個人正面特質的產品吸引，也會尋找能隱藏負面特質的商品。

對於像色情這類的禁忌內容而言，這會催生出有創造力的權宜之計。也就是說，色情的消費者一直在尋找新的、較不明顯，也較不反社會的方式來消費色情。色情零售商（多半是在非正式的市場攤位販賣）是能反映現階段在地內容消費標準的好指標：從藍光影碟、VCD（影音光碟，在印度及亞洲部分地區頗受歡迎）到VHS。色情市場也透露出一種文化與其他文化的連結：色情影片是從美國、歐洲、亞洲等地進口，或是自製。而攤販非常值得一觀，坦白說，在那裡了解消費比當街展開有關色情的對話容易得多。至少通常如此。

技術與媒體傳播常在離線時上演

在與研究員同事鄭永喜（Younghee Jung）同行的一次舊德里之旅期間，一位店主邀請我們到店裡喝茶。在印度逛市場的時候，這算稀鬆平常的事。當我們聊到手機的話題，店主便拿出他的手機（剛好是諾基亞，但他不知道那正是我們服務的公司），給我們看當時印度最紅的病毒影片之一：兩個十七歲的公立學校學生在口交。我們有點驚訝店主竟給我們看那段短片，那雖然流行，但仍被視為可恥之舉（且依印度法律，散播是犯法的），但更驚訝的是，店主雖然對科技知之甚少，手機裡卻有那段影片。他向我們解釋，以前他從沒用過藍牙，但他特地學習如何使用這個功能，就為了用手機弄到這部影片。他也表示如果我們想要，他可以透過藍牙把影片傳給我們，進一步展現他的知識，以及令人稱羨的、社交網絡中早期採用者的地位。你或許十分熟悉這一類的病毒機制，因為它是透過網路分享散播，但一定要記得，技術與媒體的傳播也常在離線時上演。

色情在非公眾場合的存在也可能透露文化規範更廣泛的變遷。我們二〇〇八年造訪喀布爾時，花街（Flower Street）上的 DVD 攤子賣的是寶萊塢電影、軍閥片，以及奇特的動作片。一年後，它們公然販賣色情，與塔利班（Taliban）當政的那段日子截然不同：塔利班是如此急切地將女人的身影移出大眾的視線，連有女性臉孔的洗髮精包裝都被剝除，唯恐那種形象會害熱血男兒分心。市場開始公開販售進口盜版色情 DVD，可視為主流社會對性的態度更開放的象徵，也可能被伊斯蘭神學家用作西方墮落的例證。雖然沒有跡象顯示有國產色情業、外銷的本土製片，或以女性或同性戀為對象的色情市場存在，但這類事物會被視為更明顯的放任指標，就像從臨時市場變成更穩固的公共建設——在色情的例子，那就是固定位置的情趣商店[5]。

了解道德限制界線，才能了解採用

要推估文化規範與採用新技術和新構想的關係，觀察色情市場只是一個應急的方式，雖然做為補充研究的效果很好，但終究無法取代較傳統的民族誌方法。一如色情消費的驅動力舉世一致，色情市場也如出一轍。諸如衣索比亞或印度等國家的社會規範，或許會將這個市場推出視線之外或地下，但也迫使供應商找出更有創造力的辦法來迎合消費者的需求。在色情不合法的中國，有些銷售者想出一個雖不完美、但不可不謂巧妙的辦法來暗示有色情商品販售：一個女人抱著包裹襁褓的嬰兒站在市場邊緣。那個嬰兒（偶爾是假的）提供了一個社會可接受的藉口，讓路人得以站到女人身邊跟她說話，而色情光碟或DVD可能就藏在嬰兒衣物的褶層中。

這件事教給我們的不只是全世界的民眾都愛色情，且願意大費周章（例如

5 性玩具從沒人敢賣搖身變成主流通路商品的例子，中國或許最為明顯，十年前什麼東西都看不到，而今天幾乎每一個地區都有商店公開販售性玩具和催情劑，可插入的震動器更在便利店的銷售點販賣。

採用新技術或假裝跟假嬰兒輕聲細語）來得到它。更重要的課題是：**道德規範與採用大有關係**，因此你必須先了解道德限制的界線，以及人們會做哪些遵守或逾越那些界線的選擇，才能了解採用。

一個錯誤的假設完全改變外人認知

且以阿米緒人（Amish）為例。普遍的印象是，他們因宗教觀譴責技術，而成為多數技術類型的否決者，在其他領域則為拒絕者，因為他們單純的農耕生活不需要那些技術。但，誠如領先其他多數科技作者兩大步、曾花時間周遊美國各地阿米緒社區、研究其採用行為的凱文・凱利（Kevin Kelly）在著作《科技想要什麼》（*What Technology Wants*）中指出：「阿米緒人的生活絕非反技術⋯⋯我發現他們是心靈手巧的駭客和補鍋匠、最厲害的製造者、擅長ＤＩＹ，出乎意料地認同技術。」許多阿米緒人用電動工具做木工，常切除電動馬達、讓機器改用氣動運作，使用柴油發電機為壓縮空氣箱提供動力。凱利寫道，儘管每一個阿米緒社區都有自己的一套規則，但他們對於技術的普遍態度是，如果那有助於社區成長茁壯，就無所謂。只是因為傳統要他們與社會其他人保持隔離，他們必須生活在輸電網路之外。「阿米緒人發現，當他們的家園透過電線連到鎮上的發電機而電氣化的時候，他們會更容易為鎮上的節奏、政策和關切之事所牽繫。阿米緒人的宗教信仰建立在他們應抱持『在世，但不屬於世』的原則之上，因此他們必須盡可能與世隔絕。」

阿米緒人當然是世界文化的異端，但我們的重點在於，一個錯誤的假設——他們對技術抱持敵意，其實他們只是對於容許納入生活方式的技術非常挑剔——可完全改變外人對其實際生活方式的認知。要了解一個文化如何採用（或不採用）某項創新，最好的方法就是去那裡瞧瞧。親眼見證，你便可洞察一個文化所遭逢獨一無二的社會障礙，以及採用是純粹為反射性的吸引力（地位）、行為的吸引力（實用），還是兩者的相對重要性所驅動。如果你的研究做得正確，它將讓你得以深入探究採用的情感，這是你絕對無法從量化資料觀察到的。

國家、文化、語言間界線變模糊

但，如果要研究的是尚未引進你感興趣的社區或國家的尖端科技，先去別的地方，有早期採用者的地方瞧瞧會有幫助。它們不見得是最懂科技的文化，只是先踏出那一步而已。就下一代顯示器的技術而言，首爾是值得一看的地方。就行動金融服務來說，肯亞提供強大的模組。本章開頭討論過的東京，則適合觀察橫跨票證、非現金付款和適地性服務的高整合服務。論及手機，「尖端」可能指許多不同事物，而舊金山，東京、阿富汗、迦納、肯亞和印度都值得一訪以了解其手機生態。

上述每一地都有夠稠密的人口，適合探索如何在獨樹一幟的情境中獨一無二地結合技術與文化。就算這一地和另一地運用的技術雷同，只要你詳盡檢視技術是如何織入當地日常生活的布料，特定地點的細微差異也能透露出其對關於採用的洞見。

當然，在你讀到這裡的時候，一定有新的技術崛起於意想不到之處。此刻在採用曲線居於領先的地方，可能會看到世界其他地方迅速迎頭趕上。隨著各種創新之間的連結愈來愈緊密，我們也愈來愈清楚別的社區人口正在採用什麼。就連社區和人類生態系統的觀念也一直在變，變得更社交性、更無形，因而模糊了國家、文化和語言之間的界線。

「老大哥正在看著你」的未來

任何有關新技術採用的前瞻性討論，一定會籠罩著對於不確定未來的希望和恐懼。凱文．凱利在《科技想要什麼》中熟練地煽動了情緒光譜的兩端，並藉此闡釋：創新有其昭昭天命，無論變好變壞，我們都無法控制的軌線。

在我們一再重複的主旨——技術會放大既有行為——的情境中，我們唯一真正能預期的事情是：最終，有一部分的技術會被能用它來徹底放大本身行為的民眾採用。

採用的機會、風險和結果主要視我們想像採用發生的情境而定。從紐約、東京到諸如阿富汗等風險等級截然不同的國家，我一直在探究，當人人生來就是「已知」，這個世界將如何運作？

當技術允許你不管誰站在面前，你都可以連到他在網路上的檔案時，日常互動會是何種模樣？這一點我們已經有很多種方式可以做到了：當某人經過驗票閘門，便可從他們的悠遊卡鑑定他們的身分；被朋友在他們剛上傳的照片貼標籤；或者用臉書、Foursquare 或其他類似服務「打卡」。在基礎建設的層級，個人資訊分享技術已經就位，只是（在撰寫本書時）尚未透過行動服務蔚為主流。行動服務能將它們的影響發揮到最大、最顯著。

如果這在你聽來像「老大哥在監控你」，那很好，因為就今天的多數標準判斷，的確如此。但這也凸顯了，**當我們受到通訊及分享社會連結和經驗的慾望驅使，而將許多有關自己的資訊貼上網，就必須拿隱私做交換。**

你一面擔心公司和政府會拿你的個人資料做什麼，一面又以社交或消費為藉口，用更細膩的工具傳播資料。固然要注意老大哥，但也別忘記你在社交網絡結識的小妹妹。

拿個人隱私交換其他價值或服務

有一個已經興風作浪，但尚未徹底發揮其破壞力的技術是即時臉部辨識：捕捉某人的臉孔，在說「嗨」所需的時間內正確地與對方在網路上的身分（以及所有附屬網路身分的事物）配對。讓這種事情發生所需的技術已經問世，但還需要龐大的公共建設——想想機場和海關的例子。話雖如此，透過手機進行臉部辨識只是遲早的問題。

在東京的街道上，廣告人員已經在使用裝有攝影機的高科技布告欄，那可以掃描路過行人的臉孔來記錄他們（推定的）性別和年齡，再用那些資料來呈現修改過的內容。有些人可能覺得這是侵入性行銷變本加厲，其他人可能覺得這是依賴資訊的促銷更為依賴資訊。無論何者，都是「放大」的表現。

有朝一日，智慧型手機的使用者將能取得這種技術。其實谷歌已經研發出來，惟因隱私顧慮暫緩推出，但總有一天，能提出更具說服力的消費論點和另一套道德說詞的研發者將讓它問世。儘管隱私問題會激起強烈的情緒——也理應如此——最近的歷史卻暗示，消費者願意拿隱私換取其他價值，例如智慧型手機的用戶允許公司頻繁追蹤他們所在的位置，換取在地圖上的一個藍點和（比方說）最近那家四星級披薩店的內幕。消費者是否真的了解這種交換的長期影響，又是另一回事。我相信市面將會推出極吸引人而能驅動採用的臉部辨識應用程式和服務，無論它們是幫人們找一夜情、閒聊或洩漏他們在社經階層裡的位置[6]。想交朋友或找伴侶的民眾將有新的資源任君使用，但有邪惡企圖的人亦如是。

6 以某種方式從公共紀錄推斷——瑞典、芬蘭和挪威都將公共紀錄公布在網路上——或透過比對薪資服務與職銜。

技術演化的矛盾

二〇一〇年我在阿富汗進行一項研究，探討在地行動轉帳服務 M-Paisa 的採用情況。研究包含一段到巴基斯坦邊界賈拉拉巴德的附屬行程，而那天碰巧是美軍宣布其伊拉克退場策略的日子。在城市的另一邊，街頭示威人士正在抗議聯軍遲遲未宣布退出阿富汗的計畫。不管任何研究，都有必要了解街上民眾的看法，我也知道路人怎麼看我非常重要，所以我希望他們把我當成一個親切友善、拿著相機隨興找當地人聊天的人。但假使路人在那種情況下有即時臉部辨識功能可用，他們只要拿手機拍下我的照片，馬上就知道我是誰、從哪裡來，又為誰工作了。

想知道某個人值不值得綁架嗎？相信不用多久，就會有這樣的應用程式。一方面，想到他們將有工具可以認出我的身分和發現我的意圖，是令人欣慰的事；另一方面，萬一他們是那種會對任何有企業背景的外國人起疑的人，我將再也無法對他們隱瞞那層關係。

這就是技術演化的矛盾：它既能幫助我們成為我們想成為的人，也能讓別人識破我們真正的身分，是好是壞，都逃不過他人的法眼。

只要有新需求，永遠都有前進的理由

在思考民眾和社會將如何採用下一波以及未來的技術時，還有最後一件事要牢記在心。當一種創新進入我們的意識，我們自然會變得興奮、聚焦於新事物的領會——誰會採用，在何時、為什麼採用——而忽略舊事物無可避免地遭拋棄。但，正如同所有事物都有採用曲線，也有拋棄曲線。永遠都有前進的理由，而前進的理由變得比維持現狀的理由更有說服力，只是時間和方式的問題：當較新的技術淘汰舊技術（例如電話亭、打字機和手動鑽頭等）；當社會和工作的本質改變，而拋下僕人的搖鈴和劍鞘之類的東西；或只是因為新奇的效應衰退，寵物石頭（Pet Rocks）看來就沒那麼酷了。過去行為的暗示潛藏於我們四周：有人愛在音樂會上拿起手機螢幕的虛擬打火機；像儀表板置物處（glove compartment，原指放手套的地方）、筆友和ＤＪ等命名法；甚至我們電腦上的圖示法都回溯了已經改用那些圖像代表的應用程式而拋棄的實際物品：筆記本、信封、迴紋針和鋼筆。有朝一日，這份清單或許將含括實體的鈔票和硬幣、任何形式的實體票券、金屬製的鑰匙和後視鏡。一如自我形象、人際網絡、社會習俗和風險因素都會影響採用曲線的形狀和大小，它們也會衝擊到拋棄曲線。

每一道浪都是隨潮汐而來，而每一波潮汐都會退去。

在創新者、早期採用者、早期大眾、晚期大眾、落伍者、否決者和拒絕者的反面，有淺嘗者、早期拋棄者、早期出走者、晚期出走者、死硬派和始終不渝者。每一件技術都像是寄居蟹的殼，使用者選擇占據它，是因為它符合他們搬入時的需求。而一如寄居蟹會換殼，人在需求改變，或者找到更適合他們的東西時，也一定會往前走。

在最基本的層面，
我們攜帶東西中絕對少不了的東西，
就是協助我們求生的工具。
在針對這個主題為期十多年的研究中，
我發現鑰匙—錢—電話的鐵三角，
不分文化、性別、
經濟階層和年齡（青少年以上）皆相當一致。
鑰匙、錢、電話，
這三者基本上都滿足我們最主要的需求。

04

隨身之物
透露的隱含商機

我希望你做個清點，在心裡或寫出來都可以，列出你今天外出時隨身攜帶的物品。衣服不算（那是「穿的」，不是「攜帶」的），就從翻找你的口袋開始。接下來，打開皮夾、背包、手提包，查看每一個隔層，取出每一件物品，包括背包底層的碎屑。對於像鑰匙圈上的鑰匙、便條或收據之類成串成群的物品，請並排在一起。請把它們當成獨立的物品加以清點，一一攤開來擺，同時也視為整體。

現在想想，你今天是怎麼隨身攜帶每一樣東西，它們是經歷什麼樣的旅程才停泊在它們便於攜帶的家。如果每一樣東西都是你的，你為什麼只帶這些東西出門？你帶的東西有多少是基於今天做的決定，有多少是出於習慣？現在，在那些物品之中，請選出不管你是星期幾離開家，都非帶不可的東西。

如果你住在都市或市郊，你和世界各地幾乎每一個正在清點東西的讀者共有的三件必備物品是：鑰匙、錢和手機。如果你覺得這不足為奇，那正印證了「我們如何過日子」和「我們重視什麼」的全球共性。如果你不在絕大多數之中，別擔心：我們會在適當的時機探討例外——其中所透露的訊息可能不比慣例少。

鑰匙、錢、電話即可滿足基本需求

你帶了什麼，視什麼為不可或缺，以及更重要的，你為什麼要帶這些東西，可以讓人洞悉許多事情，從日常活動到希望、信仰、恐懼、與周遭世界的關係，以及外面的世界如何看待你。對那些試圖想像和打造下一波商品浪潮的人而言，人們為什麼會帶那些東西的主題是一片沃土，觸及非常多的可能性，尤其是希望取代或重新發明那些行動基本要素——鑰匙、錢和電話——的人。

在最基本的層面，我們所攜帶的物品中絕對少不了的東西，就是協助我們求生的工具。在針對這個主題為期十多年的研究中，我發現鑰匙——錢——電話的鐵三角，不分文化、性別、經濟階層和年齡（青少年以上）皆相當一致。鑰匙、錢、電話，這三者基本上都滿足我們最主要的需求。錢讓我們得以取得食物和營養；鑰匙讓我們得以進入避風港，並在我們離開時協助維護我們財物的安全；行動電話讓我們得以跨越空間（打電話或即時通訊）與時間（傳訊和電郵）彼此聯繫，因此如果我們遇到突發事件而需要即刻聯繫不在場的人事物，行動電話也可能是基本的安全網。當然，鑰匙——錢——電話提供的絕不只有求生機制，因為人們想要的絕對超出生活必需品。世上絕大多數的人，甚至包括相對貧窮者，都過著超出維持生計所需的生活，他們隨身攜帶的東西也超出基本生存所需。如你將看到的，其他許多因素，如地位、自尊、成癮和人際關係，也都扮演重要的角色。

基本上，**攜帶的行為不脫三件事：知道我們擁有的物品在哪裡、能在正確時機取用它們，以及在它們的妥善照顧下有安全感**。無論我們是走入世界或回到家裡，運作能力皆取決於安全、便利、可靠的決定和心靈平靜，而正是這些因素驅使我們挑選要帶的東西。同時還會養成習慣、發展策略以避免弄丟東西、忘記帶或讓它們被偷，也逐漸懂得如何將我們攜帶有形物品的方式，應用在無形、數位化的所有物上。

人們需要攜帶行為的安全感

我的第一次上海之行是二〇〇四年的事。從歐洲坐了很久的飛機，帶著嚴重的時差我抵達了上海，然後坐上計程車穿過汙染的冬景，到商業區一家飯店。那次團隊成員包括身材高大、金髮碧眼的瑞典人佩爾（Per），以及北京一間研究室的同僚劉英（音譯）。我們來中國的目的是為一個有意設計攜帶式配件的客戶探究攜帶與互動行為。上海是我們研究的第三個城市，之前我們已在舊金山及柏林待了一個月，已經開始覺得有些疲憊。但我們也已深入研究主題，夜以繼日地篩檢大量湧入的資料，開始理解箇中意義。

我們在上海遇到一個年輕小姐，姑且叫她美莉，她答應做我們的深入受訪者之一，而我們運用俗稱「盯梢」（shadowing，也叫「獲得許可的跟蹤」）的研究方法來尾隨她的日常生活，記錄她的主要互動（並試著不要因為我們在場而過度影響她的互動）。

你放心讓物品離得多遠？

當我們跟著美莉展開一場環繞城市的購物之旅，從巴士到購物中心，從街上的長椅到餐廳，我們發現關於她的手提包有一件很有趣的事：它從未離開她的視線，甚至從未離手。這天從早到晚，她一次也沒有把它放下，甚至連在一家高檔鞋店（不靈巧地）試穿一雙漂亮的黑色靴子時也沒有。每個城市都有竊盜風險，但我們在這項研究期間沒有在其他任何地方——從米蘭到柏林到舊金山——看到任何人這樣抓包包，不是抓在手裡，就是背在肩上。她不只讓包包保持在隨時碰得到的地方，還把包包扣緊，拉鍊關上。或說至少在她意識到安全問題時是如此。是有短暫的一刻，當她正要從包包裡拿東西時，她接了一通電話分散了注意力，因此讓包包開著一、兩分鐘，拉鍊沒拉。當她赫然發現這件事，她顯然對自己放下戒心非常懊惱，就算只有一會兒。

這或許看來像極度謹慎，亦非毫無根據，因為上海的竊盜風險確實比全球多數大都會高上許多。但我們的研究團隊不由得想：某種程度我們不也都有這種舉動？雖然我們不會一直抓緊包包，但當置身燈光昏暗的酒吧，會不會迅速把包包塞到椅子底下、與你形影不離呢？反過來說，你可曾去過社區親切的咖啡館，而在上洗手間的時候放心地把隨身物品交給陌生人保管？

我們管這種現象叫「分布範圍」（range of distribution），人們外出走動時願意讓實體物品離身的距離。人們做這類決定（無論自覺或不自覺）的標準很簡單，且普世一致：感受到的危險、實際危險，以及感受到的與實際上為求方便而讓物品近身的需要。當危險和便利因素都很低時，物品便允許離身；當便利需求高時，物品會放在附近；當風險很高，它們會待在安全的地方：可能是離你很近、深鎖起來，甚至是某個完全觸摸不到的地方（我們稍後會再回來討論最後一點）。

分布範圍決定於多種背景因素

就情境研究而言，分布範圍是非常實用的鏡片，因為它能同時讓我們洞察當事人對於環境的危險，以及環境中的個人危險有何看法。在中國及巴西的公共運輸系統上，你常看到乘客把背包反背在胸前（或背「前背包」），這就是分布範圍很小的有力指標：反映著失竊風險高、乘客對失竊風險有敏銳意識，以及當不規矩的手開始拉開某個袋口的拉鍊時，迅速反應的必要。

偶爾，當地的公共設施也可能逼使這些行為發生。當上海捷運系統在二〇一〇年世界博覽會之前採用（機場式的）X光掃描機時，我注意到主流旅客的行為隨之改變，而他們的焦慮，特別是在尖峰時刻，非常明顯。許多乘客一把包包放上輸送帶，便焦急地保持與個人財物視線接觸（有時手也接觸），彷彿輸送帶會突然在連綿不斷的時空中發生故障，猛然將他們的貴重物品送往另一度空間。當包包一越過不會回返的臨界點，乘客的注意力和行為便迅速轉移到機器吐出東西的那端，包包一出現就抓起來。如果哪個旅客的注意力鬆懈一秒鐘，便會面臨包包被人掃走、消失在尖峰時間茫茫人海裡的危險（如果時空精靈沒先把它抓走的話）。

最理想或可接受的分布範圍係由數個背景因素決定，包括：空間的物理性質、對該空間的熟悉程度、是否有熟悉人物存在（包括我們認識但沒說過話的人）、陌生人的密度、人們在附近進行何種活動、空間與空間中的人物整體潔淨程度、分布物品種類及真正價值和物主對物品是否值得偷竊的認知、在一天的哪個時間、能見度，以及天氣等等。這個等式通常會為特定背景創造一套就算沒有明文規定，民眾卻知之甚詳的規範，就像中國和巴西大眾運輸的「前背包」。**行為與盛行規範相反的個人會特別顯眼**。如果差距很大，我們或許會覺得那個外人的行為是偏執的象徵，或欠缺對情境的認識（這也是觀光客常成為明顯的竊盜目標，以及常去某地的旅客會觀察在地人，以尋找融入線索的原因之一），但也可能透露物主對於物品價值的認知。塞滿一元鈔票的皮夾外表看來和塞滿百元大鈔的皮夾如出一轍，但兩者的分布範圍可能截然不同。

心理便利和實際便利同等重要

我們都碰過這種團體情境：有人若無其事地展示某種明顯在賣弄的物品：拿汽車鑰匙鍊將話題導向一部新車；不經意露出特定（尤其是昂貴的）品牌標籤給人看；故意取出最新最棒的智慧型手機查看訊息。或許你也會刻意這麼做——用各種微妙或沒那麼微妙的方式。這種用實體物品展現地位的能力取決於物品的能見度（最起碼要有短暫的能見度），但也凸顯了一種本就存在的緊張：炫耀財產的慾望對上維護財產安全的需求。蘋果的白色耳塞式耳機一度曾因能見度高和具有象徵性的價值而大受歡迎（如第二章所討論），但那些也是竊盜的重要刺激因素。因此，為地位物品決定舒適的分布範圍需要權衡：表現它，或保護它。

在家中，因為財物風險較低，而且便利考量非常重要，我們傾向於將物品分布在會需要它們的地方，或是知道需要時可以迅速找到它們的地方。就像多數人會將食物放在烹煮的地方旁邊，將衛生紙放在廁所伸手搆得著的地方，人們要帶進外面世界的東西（外套、包包、鑰匙等），也多半逗留在前門或後門附近。就多數成年人而言，行動電話通常被放辦公桌邊緣，對青少年來說，這些東西則會比較靠近床頭——都喜歡在離電源一條線以內的距離。

這些可攜式物品傾向聚集之處，我們稱之為「重力中心」，或「重心」。重心是我們意欲放置某件物品的靶心，也是要拿取時第一個注意的地方。重心的效用很明顯：它們就是我們的空間記憶裝置。習慣把鑰匙掛在門邊掛鉤的人，不大可能弄丟鑰匙。把現金、身分證、信用卡、大眾運輸儲值卡、借書證、名片等物品放在皮夾裡，而習慣把皮夾放在口袋的人，不必在需要取用上述哪樣東西時努力回想。就分布範圍而言，重心是心理上的便利和實際便利一樣重要的象徵。

反省點提醒我們清點所攜的物品

然而，就算把物品集中在我們較可能找到的地方，也不保證我們會記得把它們帶出門，或維持在理想的分布範圍之內。當我們的意識受損，無論是太忙、累了、醉了或做白日夢，物品很快就會變得宛如隱形，進而遭到遺忘。為反制這種天生遺忘重要物品的傾向，人們在離開一地、前往另一地時會展現一個簡易而普遍的行為，即我們所謂的「反省點」：一個人停頓下來，在心裡清點他們帶了什麼東西又可能忘了什麼東西的時刻。對離家外出的人來說，這通常包括那些必需品——鑰匙、錢（或裝了錢的皮夾或皮包）和手機——以及當天需要的各種旅行用品。我們會進行高度儀式化的動作，拍拍口袋、看看包包裡面以再次確認這些物品存在，才走出家門、跨出車子、離開辦公桌或從餐廳桌子站起來。有些人甚至會大聲背出他們的核對清單。

在反省點短暫的停頓是如此簡單又世俗的行為，它或許不會大叫「商機」，但潛力確實在那裡——或許像是耳邊絮語。這種依照背景和必要性、定期而有系統地喚醒記憶的概念，可延伸到實體物品之外的問題與需求。

改變服務設計的機會

我們很容易分辨手機是否在口袋裡，摸一摸就知道，但你不可能只靠觸摸或觀看就明白你的儲值卡裡還有多少額度（除非金額會顯示於表面）。皮夾調查（wallet mapping）會成為如此實用的研究技巧——真的動手翻看和記錄人們皮夾或包包的內容物，並詢問每一件物品背後的故事——原因之一正是當儲值卡之類的東西並未設計恰當的反省點時，人們常做一些事情來彌補。最常見的彌補形式是「冗贅」（redundancy）：如果你不知道你主要的那張儲值卡還有多少額度，就帶張你知道有足夠餘額讓你在趕時間又瞥見列車正要進站時，可順利通過閘門的備用卡。

從服務設計的角度來看，這樣的冗贅意味我們有機會讓系統更有效率。比方說，東京大部分的自動販賣機（不只在大眾運輸車站），都有讓持卡人確認儲值卡餘額的機制，只要拿卡片碰一下機器就可以——這是非常刻意且經深思熟慮的反省點，也不需要買賣。這個簡單的互動既符合直覺又實用，讓民眾得以利用周遭世界的公共建設來查詢他們私人物品的狀態。

拍拍口袋和在門邊習慣性的停頓，永遠是檢查實體物品的簡單方式，就像鑰匙掛鉤和緊抓手提包能幫助我們掌握那些東西的動態。但隨著我們的財物愈來愈數位化，我們必須重新檢視攜帶行為的根本原則——分布範圍、重力中心和反省點——思考它們無形的同義詞。機會隨改變而至。

上傳的東西代表你

當蘋果公司在二〇〇一年推出第一部 iPod 時，他們吹捧它是「口袋裡的一千首歌曲」。二〇〇九年，那個數字已提升至四萬首。但到了二〇一一年，新的承諾是：零。

當然，如果你想用老派的方法做事，仍然可以在那種裝置的硬碟儲存數千數萬首歌，但你也可以在蘋果的伺服器上保有你的音樂圖書館，並透過 iCloud 串流，騰出足夠的空間下載不同版本的憤怒鳥（Angry Birds）。

一如智慧型手機已將電話的觀念從雙向通訊的終端機，轉變成進入世界知識基地的門戶（能在搭公車時查利柏拉契〔Liberace〕的生日真是太方便了），像雲一般以伺服器為基礎的儲存系統也為我們運輸個人數位物品的方式帶來改革希望。雖然它近乎無限的容量和隨時隨地都可取用的價值主張看來十分瑰麗，但雲端商品仍需全力應付提供安全、便利、可靠和平靜之挑戰——這些相當於分布範圍、重心和反省點的無形因素，都是造就攜帶行為的潛在驅動力。

如果沒有數位化及雲端儲存……

我們不難看出，數位化和雲端儲存相當於減輕我們實質的負擔——如果你願意，不妨稱之為「大卸重」（Great Unburdening）。想像回到二十世紀，你試著隨身攜帶現在可以儲存在智慧型手機、筆記型電腦、平板電腦或電子書（以及同樣重要的，從那些地方取用）的一切。早上出門時，你得拖著三組架子出門，一組擺你收藏的全部CD、卡匣和唱片（如果你要攜帶與「Spotify」等隨選音樂串流服務相同數量的音樂，你可能要有數以百萬計個架子）；一組擺你全部的書籍，包括二十九冊的大英百科全書（Encyclopaedia Britannica）和十二冊牛津英文字典（Oxford English Dictionary）；第三組擺你所有的相簿；還要有一只鞋盒裝你過去一年收發的信件、帳單和銀行結帳單，以及世界每個地區各種比例尺的地圖。如果你想要點娛樂，你甚至要帶一些電影——還有你的電視機和VCD或DVD播放器出門。傍晚離開辦公室時，你不只要把上面那些東西通通搬回家，還要帶著你四呎高的金屬檔案櫃、Rolodex旋轉式名片整理架，以及推拉式的便條盒。若加入相當於網路存取的有形物品，那你還要隨身拉著好幾座國會圖書館。最重要的是，你還得攜帶不少或許你從未擁有過的東西，例如會從世界每個角落蒐集資訊的氣象站，以及集結了數百萬陌生人對於從餐廳到漫畫等種種事物之我見的輿論集。你不僅會腰痠背痛，更難以盯住每一樣你在路上拖來拖去的東西。

不過，只因為你可以輕易把所有東西塞進口袋，不代表你忙碌時會一直需要它們，或夠了解它們的動態而能在真正需要時取用。只因為你可以把它們簡化成位元，也不代表你願意擺脫它們有形的形體。一顆故障的硬碟、被駭的伺服器，或沒付錢的雲端儲存空間，都可能讓你失去一切，如果你沒其他備份的話。此外，將個人資料與工作資料方便地疊合在一個旅行尺寸的容器，很容易便模糊兩者的界線。儘管大卸重在物理層面不容置疑，但與「向零邁進」有關的心理取捨，卻要面臨重重難關，不過，潛力同樣雄厚。

分布範圍方程式隨數位化改變

不妨想想那些會衝擊分布範圍，即那些影響我們把私人物品拿得多近，或允許它們離身多遠的東西——包含實際和感覺上的距離。好比溜溜球。我們可以自在地讓它的線放出多長，而仍能在我們需要它在手裡時拉回來？又能多快地拉回來？

當東西變成數位化，分布範圍的方程式也發生變化。溜溜球的線可以長得多，包含實際距離（取回存在很遠很遠的電腦或伺服器的文件）、時間的距離（檢索你一年前寄的），以及感覺上的距離（聽到一首好幾年沒聽到，而你隨機播放的音樂清單決定放給你聽的歌）。綁在有形物體上的長線，會使它難以收回得多，至少需要你從 A 點移駕到 B 點來取回物體。但如果它是數位的，就算你不知道它在哪裡，仍可奇快無比地拉回，只要你有可靠的搜尋功能即可。數位化意味你可以同時雜耍更多條線，用無數種方式交叉（例如在幻燈片簡報中嵌入影片、在電子郵件附上照片），還有，像玩花繩一樣，在多名使用者之間編成一個又一個協力合作網路。那甚至允許你切斷一些有形物體的線，之後仍能透過創造隨需應變的完美複製品來拉回那些物體；這在過去意味「燒CD」，但未來它將意味 3D 列印。旅行忘記帶假牙嗎？沒問題，只要先打個電話給飯店，請他們找當地牙醫師幫你 3D 列印一組複製品，等你抵達時就可以給你了。

技術發展或許也會讓我們無須在意溜溜球線放出多長。我們或許會把分布範圍視為特定人物在特定情境的「第六感，」例如一個帶著稚齡孩子逛忙碌購物中心的家長，如果他帶的是較不貴重（亦非那麼不可取代）的物品時，就不會有那麼強的本能反應。然而，為避免遺失和遭竊而保有超自然意識的渴望，仍強烈到足以讓這個領域面臨崩解，尤其追蹤事物的方法已變得愈來愈複雜。

遺失的意義即將轉變

二〇一二年夏天，我不小心把當時最先進的通訊裝置——一支 iPhone ——留在上海一部計程車裡。在回家的路上，我用線上「尋找失物裝置」追蹤它在城市裡跳來跳去的情況。我已經去電計程車公司，公司主管把電話轉給司機（收據上有聯絡資訊），司機否認 iPhone 在他車裡，雖然我可以追蹤它的位置、速度和行進方向，也設定讓流浪的電話一直發出大聲的警報。看著價值數百美元的個人裝置蜿蜒而行、突然停下、原路折回，並在某個時候經過僅離我的公寓幾條街的地方，是令人神魂顛倒的經驗，不過也加深了它一去不復返的挫折感。

雖然我弄丟那支電話，但它不是因為坐在陌生的環境而遺失，純粹是因為放在手碰不到的地方。我猜想它終究遺落的原因之一是，它的價值（在水貨市場轉售）凌駕了任何歸還失物的社會規範，對中國的計程車司機來說，那額外的收入可抵好幾天的工資，或許公司主管也能分一杯羹。澄清一點，我並非嫉妒他能這樣私吞電話，因為在我意料中多數國家的計程車司機都會這麼幹[1]。但這確實是目前一觀「遺失」物品在未來意義的好例子，畢竟，隨著科技允許我們擁有的多數物品都能傳達所在位置，無論是在汽車、自行車、遙控器和珠寶等物嵌入全球定位系統（GPS），或是因為我們能夠記錄周遭世界愈來愈多事物，並從資料確認哪個東西在哪裡，遺失的意義已然不同。

1　事實上，我進行過一個附屬實驗探討隨機陌生人的誠實：拿一筆現金給他們，請他們轉交給第三方（受測者之前不認識）。結果十筆錢中有六筆順利轉交——遠比我們一開始假設的多。

未來，通訊裝置或許會納入「退回寄件人」（return-to-sender）的功能——提供獎勵給將物品從被視為「遺失」之處移至被視為「尋獲」或「可取回」之處的陌生人。照推斷，這種可追蹤的特色理論上將改變我們對於「擁有某件事物」的觀念，如果遺忘的後果變得無足輕重、失物愈來愈容易尋回的話。雖然多數人可能選擇歸還失物，但萬一失物的價值自動計算，因而被尋獲者拿去賣，或被附近出價最高的競標者標走怎麼辦？有人會哀悼世界變成毫無情感的數目字，但也可能有人建立一種環繞買賣使用權而非所有權的生活方式。

行動裝置改變我們的行為

當強調地點的行動資訊大行其道，又為分布範圍增添另一個面向：「來得及就好」的決策模式。它不單使我們得以放棄地圖之類的物品，改用輕便得多的數位品，還讓我們得以在幾乎渾然不知我們要做什麼事情的情況下，進入世界冒險，相信我們的行動裝置能幫我們連上那些對我們至關重要的事物。我們不必再計畫路線，可以仰賴GPS；不必計畫晚上要去鎮上哪裡混，可以先出門，查查Foursquare看我們的朋友或朋友的朋友做過或正在做哪些事情，再依此做決定；不必事先約好見面的時間地點，可以先講好要約鎮上哪個地區，到時再透過電話和訊息進行「微調」來拉近彼此距離，直到撞見為止。連接我們和其他人事物的溜溜球線可以無限長——長到我們不再清晰記得另一端的事物——但每當我們想拉回它們，就能馬上拉回來（只要網路配合）。

我們甚至可以再讓事物離開意識遠一點，而把拉回作業交給自動系統。其實我們已經這麼做了，手機的日曆和類似（Mint.com）等服務的提醒和警報功能都是這樣的。且讓我們做個思考練習，看看先前當我們思考門檻的未來時簡短帶過的一個例子：預期性的出貨。

經過計算與分析，切中你想要的商品

讓我們假設一家會用演算系統分析及預測顧客的購物習慣的公司，例如亞馬遜（Amazon），已將該系統發展到沒下產品訂單就可以出貨的地步。他們很有把握顧客會想要或需要那些商品，自信到願意在出錯時吸收那些成本。假設你喜愛旅行，且熱中《旅遊者雜誌》（*Condé Nast Traveler*）之類的品牌。有天早上你打開前門，看到門階上躺著《旅遊者雜誌》的終極版旅行用襯衫，是你的尺寸，樣式就跟雜誌上讓你昨天流連好幾分鐘的那件一樣。他們已經從你過往的購買行為發現你會穿類似的襯衫，也買了和這件襯衫很搭的褲子和配件。他們透過社群媒體分析過你的同儕團體和時尚採用習慣，因而知道你喜歡什麼風格，他們也知道你信任《旅遊者雜誌》的時尚創造人士帶給你不僅適合你，也適合你置身之文化的東西。

如果事實證明亞馬遜的分析正確，你決定穿這件襯衫，它可能會把你已經穿了的消息傳回亞馬遜，自動記入你的信用卡帳單。如果你決定不要留下這件襯衫，只要把它放回盒子裡，置於門外，剩下的事都交給亞馬遜處理。亞馬遜甚至可能用類似的節點（node）監控你的食物或衛生紙供應，在你用完之前運送新的給你。

讓東西在需要的時間和地點才到手

如果誤判太多，這便是垃圾郵件最糟的形式，而太高的預付運送成本會讓這種商業模式窒礙難行。但對於特定商品、品牌和人口來說，這是可行的。怎麼可能有這麼強烈的品牌忠誠？又怎麼可能有對於消費者的生活，包括線上及離線的櫥窗瀏覽行為，如此不可思議的洞察力呢？某種意義上，訂閱服務就是在做這樣的事：如果你讓某份報紙每天送到門前，你不知道它是否一定會有你想看的內容，但你對它有充分的認識（報紙對你和其他讀者也有充分的認識），因此願意付錢訂閱。當然也有侵犯隱私、同質性消費和不規律行為等演算系統尚未充分了解的議題，但這仍不失為一個可能的軌跡，讓你思考技術發展可能如何為預期性商品創造新的市場類型。

乍看下，這樣的服務似乎與攜帶行為關係不大，而是幫消費者省下從店裡拎購物袋回家的工夫。但那其實擊中了攜帶行為的靶心：讓東西在我們需要的時間和地方才到手上，並運用記憶和近距加以追蹤。亞馬遜要怎麼知道你的巴哈馬旅行忘了帶泳裝，然後在你抵達當地、了解自己的疏失之前，讓一件符合你的尺寸和樣式的新泳裝在飯店等你呢？說不定就這麼簡單：在你的衣服和行李箱放一些標籤和感應器、問你一些旅遊行為方面的問題，以及設計執行某種基本自動化的程式。

設計數位反省點

想像在辦公室度過漫長的一天後走進家門，卻見到你見過最奇怪的情景。有人趁你不在時按下你家裡的反重力開關，當你漂浮地穿過家門，你看到廚房水槽和床頭櫃接連飄過眼前。你的地毯在牆上；你的狗在天花板。沒有東西離開房子，但感覺仍像全部遺失。

你會不會發瘋？關於這個腳本最瘋狂的一點是，那是我們看似無法輕易避免，且必須不斷面對的腳本——儘管是在數位範疇。人們認為該去哪裡找網路上的東西？他們需要具備什麼樣的知識才能加以取回？若欠缺一個架構指引東西位於何處以及如何取得，我們全都是漂浮在數位乙太的湯姆上校。一個好的介面固然能讓一切截然不同，但搜尋功能也能創造特別的重力中心。假使，按照大卸重的精神，我們設計出一個系統提前創造了重心，為使用者卸下搜尋的負擔，會是何種情況？假設你有關於某項專案的會議要開；如果該系統事先知道這件事，了解你平常是怎麼在會議之前和期間存取檔案，它便可以為你把資訊集合起來，預先下載到你的手機或電腦裡，你需要時便可取用。

同樣地，我們也有機會設計數位反省點：系統在你忘記一件事之前知道你會忘記什麼。Gmail 已經做到這點了：如果你在一封郵件內文打了「attach」這個字，或它的任何變體，卻沒有附加檔案，Gmail 便會問你在傳送前要不要附加檔案。

當然，要什麼事情都不忘記，最簡單的辦法就是什麼事情都不記得。

可以不帶東西就出門？

不管怎麼看，阿富汗都可能是個混亂的地方，但它的危險不一定是透過炸彈和綁架的形式出現。在都會區，失竊的風險幾乎永遠存在，你可以說這整個國家的分布範圍相對嚴謹。但失竊不見得和口袋裡被拿走的東西有關：也包括沒放進去的東西。

二〇一〇年，行動電訊供應商羅森（Roshan）和阿富汗內政部合辦了一個試驗性的計畫，探討透過名為「M-Paisa」的行動金融系統支付警員薪水的情況[2]。參與M-Paisa計畫的警察不會從長官那裡領到一疊現鈔，而是會接到簡訊通知，他們的薪水已轉為帳戶內的額度，而可以在國內各地任何羅森經銷商提領現金。

出乎意料的，許多警官發現他們獲得「加薪」——有時甚至比他們平常拿到的多三分之一。事實上，這是他們第一次拿到實質薪水的全額，因為那些數位化的錢不會再經過上級黏答答的手——他們一直從下屬的薪資撈油水。

2 阿富汗的羅森M-Paisa和肯亞沃達豐的M-Pesa是同項研究計畫的變體；拼法不同是故意的。

以備不時之需最自在

表面上，這看似一個非常正向、結局圓滿的故事：貪汙少了、發餉制度更有效率，除了中間人之外皆大歡喜（有一個中間人對新制度大為光火，索性蒐集所有下屬的ＳＩＭ卡以便自己收錢；羅森一名員工向內政部舉發那名主管，內政部沒有起訴該名主管，不過迅速地結束他的計畫）。

但是結局並沒有那麼簡單。你會覺得，除了那筆「紅利」，透過 M-Paisa 支薪的警察會喜歡帳戶的好處：保護錢不被扒手扒走，也不被上司汙走。但阿富汗的分布範圍文化，加上民眾對金融和技術理解的知識程度較低（只有百分之九的阿富汗民眾在正式金融機構有戶頭），卻形成一種矛盾：人民感受到的失竊風險是那麼高，高到他們相信實體是唯一安全的形式——你看不到的東西，就不是你擁有的東西。

參與這項計畫的警官表示，他們一收到入帳通知就會立刻把錢領出。有些人必須前往附近城鎮，因為當地的羅森經銷商已因擔心店裡儲備的現金被搶，而選擇退出 M-Paisa 計畫。在塔利班的據點，經銷商則表示飽受民兵攻擊的威脅，因為塔利班視 M-Paisa 和行動電話為異教的西化工具。

戰爭、貧窮和許多方面缺乏素養的背景讓阿富汗成為許多行為的極端例子，不僅是有關攜帶金錢的行為，還有一個彌足珍貴的個案研究。我們已經生活在一個行動電話允許我們攜帶更多工具和更少物品的世界，我們可輕易想像這樣的未來：放進皮夾的每一件物品，都可能轉換為數位形式，而我們透過單一電子裝置就可存取。但那是實際的未來嗎？大家都會因此開心嗎？

按目前的情況來看，這不是未來。人們都厭惡風險，如果你仔細看看今天人們帶在身上的東西，以及除不去的累贅物品，顯然人們攜帶的多於最低限度，因為他們覺得能「以備不時之需」最為自在。帶現金、一張提款卡和兩張信用卡或許效率不高，但提款卡故障的後果太過嚴重，使這張安全網值得存在。我們沒有精確的公式可以判定什麼樣的風險機率和後果成本組合才足以應付突發事件，但這正是人生的另一個面向：**行為會隨著達到一項門檻而改變**。

網路分享也能是消費模式

如果我們的目標是減輕消費者的負擔，協助他們更有效率地攜帶物品，那我們可以試著降低物品遺失的風險、降低取回或取代那些東西的成本，或者讓人們就算沒有帶著那些東西到處跑，也能輕鬆過日子。要同時做到這三點，最簡單的方法之一是讓人們在擁有更少的同時用得更多。

企業家兼作家麗莎·甘絲琪（Lisa Gansky）稱此為「網眼」（Mesh），一種以網路分享為基礎的消費模式，提供使用權而非所有權。較為人熟知的一個網眼的例子是「Zipcar」，會員制的汽車共享網絡，將汽車分布在城市各地及大學校園，供沒有車子但偶爾需要用車的民眾使用。公共圖書館也符合這種模式，只是沒有營利。近幾年，拜網際網路之賜，還有其他網絡陸續崛起，提供公共及私人物品予臨時使用，從「工具租借圖書館」（tool-lending library）到兒童玩具租用服務都屬此類。

這樣的系統能夠運作，除了網絡的力量，也因為它能將物品視為網絡的節點加以取用。比方說，Zipcar 使用者可上網搜尋配置在附近的汽車，預約，然後用會員卡解鎖；車門只為指定在那個時間有使用權的使用者開啟。

隨著我們攜帶的物品有更多變得數位化且形成聯網（或包含組成網絡的要素），隨著我們研發身分辨識系統，因而得以安全地在網路存取及付款，我們將看到迥然不同的物品使用與互動方式。理論上，我們可能步入「超分布」（superdistribution）模式，就像不用儲值或卡片的 Zipcar。物品可以散布在城市各地可能被取用之處；當某人選擇使用某件物品時，物品會用生物測定學辨識使用者的身分，自動計算使用時間費用。如果當你在城市裡走動時，很容易便能找到及使用筆記型電腦，你為什麼要帶自己的到處跑呢？而如果那部筆記型電腦可以認出你的身分，可以辨識任何企圖把它從你手中奪走的人的身分，幹嘛擔心失竊風險呢？沒道理偷竊無主之物。

門外的美麗新世界

我們已經看到，**行動科技已劇烈改變人們在家門外的行為，從攜帶更少、記得更少到擁有更少**。一切的一切都變得可能。光是擁有一張像洛杉磯這種地方的數位地圖，取代紙本地圖，感覺起來就是長足的進步；對於一些地方，比如烏干達，孩子生重病的母親可以用行動電話找到最近的醫生，不必擔心帶孩子到最近的十哩外城鎮才發現那裡根本沒有醫生，更是一大躍進。

我們改花錢購買「想要的時間和地點」擁有物品或服務

這次革命當然不是沒有風險，從弄丟自個兒電話的氣惱，到全民因主系統故障或安全遭到破壞而受害都是風險。我們仍在學習受網絡支配的真義；就我個人的經驗，網絡連結中斷的影響不一而足，包括了在曼哈頓都市街頭失去訊號的微慍，以及在坦尚尼亞因，信用卡失效又無其他付款方式而被困在飯店的窘態。

儘管我們不能完全信任網絡，但我們依然相當仰賴它，因為網絡能為我們做到一些（而且愈來愈多）我們無法為自己做到，或至少是記不得的事。未來幾年，我們很可能看到更多反省點，為漸次相互連結的物品設計出來。在今天的東京，你可以走到自動販賣機，在決定花掉身上最後一兩百日圓買汽水之前，將你的皮夾接觸感應器，它將讀取你的 Suica 卡，然後告訴你裡面的餘額夠不夠你搭電車回家或買那罐汽水，或兩者皆可。

隨著網絡和公共設施變得愈來愈聰明、愈來愈快捷，我們也將看到我們對便利的觀念產生變化；現在我們不再花錢購買在正確的時間和地點擁有正確原子和分子的便利，而會花錢購買在我們想要的時間和地點擁有正確的位元和位元組。這代表我們在更多地方擁有更多資訊入口，但也意味著我們可以互動的日常物品，以及了解我們而回以互動的日常物品愈來愈多。或許這種種物品終將透過公共網絡設施連結起來，任何人都可以走到網絡的任何節點，讓網絡辨識身分，短短幾秒便取得許可、開始使用。要怎麼做才能創造這種情況？那究竟可不可行？我不敢打包票，但那不無可能，值得我們在思考人們未來會如何在住家外攜帶及使用物品時細細思量。

在某些方面，我們已經進入那個未來，雖然有時當局者迷，我們很容易把連結的真諦視為理所當然。有時，要理解我們彼此連結的本我，最好的方式是趁我們不在網內時觀察發生的事。

失去習以為常的科技連結

二〇一一年阿拉伯之春期間，我剛好有機會在埃及進行一項研究。在那緊張的幾週，許多來自開羅的新聞報導都特別強調抗議群眾使用社群媒體的情形；雖然因為報導是在國外進行，使我對它的衝擊力抱持若干懷疑，但顯而易見地，行動科技的應用和積極的社群網絡，已重新塑造生存和通訊在一場衝突期間的本質。

身為研究人員，資訊存取對我的工作向來至關重要，而我想要探究，萬一失去習慣的那些唾手可得的資源，事情會變成怎樣。在當時，利比亞的內戰仍如火如荼，許多通訊管道都被切斷。我和一個同事想稍加了解那裡的情勢——「叛軍」已駭入並順勢利用該國的行動電話網絡，在科技方面占得先機——所以我們情商一名計程車司機載我們過去。八小時之後，我們準備越過邊界。

一進入利比亞，我們的手機就斷線了，這意味著我們的支援架構全部中斷——地圖、電子郵件、電話和網路——也隨之失去打電話求救、測定我們自己和鄰近城鎮的位置，以及不必靠別人翻譯的能力。失去這些救生索讓我們覺得自己一絲不掛，更赤裸裸地暴露於衝突時期的邊境城鎮會讓你聯想到的危險，但也迫使我們更清楚地了解我們每一刻的所在之地、我們從哪裡出發，又要怎麼回到那裡。

我們很幸運地活在一個透過口袋和包包裡超級強大的通訊和資訊工具，幾乎哪裡都去得了的世界（當然至少就現在而言，還不是哪裡都去得了）。它們是我們的求生工具，但我們一定要記得：無論求生工具，或者我們對於「生存」意義的概念，都時時在變。我們對生存意義了解得愈透徹，就愈有本事駕馭技術，創造出真正重要的工具。

迅速文化校準可能採用的形式包括：一大清早的散步或尖峰時段搭地下鐵；
造訪理髮廳、車站或全球連鎖餐廳在當地的分店；
或看到標語就稍微停下來想一想。配合較有組織的技術，
例如深入訪談、意見調查和家庭訪問，
在應用於許多地區、城市或國家之後，
迅速文化校準可助你更深入地理解一個新的文化，
並與你本身的文化和其他造訪過的文化比較。

05

觀察什麼？
觀察的時機與方法

如果你想要知道人們是如何又為何要做他們在做的事，最適合了解的對象就是做那件事的人，最適合了解的地點就是事情完成的地方。這正是設計研究的簡單前提。這是種實務，也是種心境，無論你是獨自埋首一個小時，或要一支五人團隊與你共事一個月都是如此。你的經驗愈豐富，就愈可能找出是什麼型塑你和其他人的思考方式，進而改變你和他們的行動方針。

在這個連結得愈來愈緊密的世界，我們不由得想，不同人物和不同地點的細微差異，可以在網路上找到，無論是透過社群媒體帳戶、自行記錄、街景或其他在網上張貼資料串流的服務——消費者在哪裡、在聽什麼、喜歡什麼品牌等等。但如果人類經驗是一道豐富、深厚、多層次的砂鍋菜，這些只是表面的碎屑，而要剖開人類經驗，唯一的途徑便是旅行，親身體驗。「入境問俗」（going native）絕非人類學者獨有的領土。雖然他們能奢侈地花上幾星期、幾個月甚至幾年的時間適應一種新文化，但就算只是最短促地浸一下情境感知的池子，也能獲得洞見和靈感。

不只如何觀察，還要在哪裡觀察

在前面幾章，我已藉由探討數種粗略社會概念，以及促進或阻礙概念的技術來凸顯理解人類行為的新方法。現在我要將焦點轉移到這些因素發揮效果的情境——不只是如何觀察，還有在哪裡觀察。在這一章我將概述一些進行所謂「迅速文化校準」需要的技術——不只讓你設想當地人的心態，也用全球的角度檢視當地情境，我多半沒有挑明，但有些不言而喻。我常運用這些技巧為團隊成員建立一個穩固的基礎，來理解他們透過正式調查所蒐集較嚴謹的資訊。

迅速文化校準可能採用的形式包括一大清早的散步或尖峰時段搭地下鐵；造訪理髮廳、車站或全球連鎖餐廳在當地的分店；或看到標語就稍微停下來想一想。配合較有組織的技術，例如深入訪談、意見調查和家庭訪問，在應用於許多地區、城市或國家之後，迅速文化校準可助你更深入地理解一個新的文化，並與你本身的文化和其他造訪過的文化比較。校準時間可能短到三十分鐘，也可能長達半天（如果你喜歡，想做多久就做多久，只是這樣就稱不上迅速了）。

跟城市一起醒來

全球各地，最適合觀察一個城市的時間莫過於破曉時分和之後的數小時。並非因為下午或晚上不會透露其他時間看不到的事情，而是一日的序幕往往比落幕更一致、且受到更嚴密的控制。對於我們這些試圖汲取在地微妙差異的人來說，當城市跟著清晨通勤的旋律找到自己的節奏時，比較容易在較短的時間觀察到較多人。

雖然每個城市和季節略有不同，但「與城市一起醒來」的活動多半從清晨四點開始[1]。理想的地區是適於步行、包含住宅及零售空間，並大致能反映研究鎖定之人口類型的地區。如果當地組員能與來訪組員搭配，以跨文化的角度探討觀察結果，這樣的行程效果最佳。有時需要一輛睡眼惺忪的黃包車、計程車、嘟嘟車（tuk-tuk）、機車計程車（boda-boda）或騎一段自行車來將團隊送往鎮上正確的地方。

不同文化的晨間活動

在清晨這段時間，鄰里街坊會慢慢揭開面紗。通常是從公共建設的支援開始：送貨、清道夫、維修工程、廢棄物處置，和其他需要在行人和車輛湧入、讓工作變棘手之前處理的服務。像垃圾收集之類的簡單活動，就能透露在家裡發生的行為模式。在東京和首爾等城市，諸如鐵罐、紙板、塑膠和有機物等不同材質的回收物，分別在不同的日子回收，而遵守規定哪些東西要在什麼時候拿去哪裡丟的社會壓力非常大。這種預先分類的回收法讓我們得以窺見特定地區的民眾消費了哪些商品，並就近一觀電子商品的回收——因為這些需要特別的許可，會另外放在一旁。在倫敦和舊金山的一些地區，將椅子、櫥櫃或床等大型家具放在路邊通常沒有關係，認定會有同一條街的人過來取走。反觀舊德里，街上簡陋的床架可能會就地使用：早上仍有人睡在上面。

在住宅區，你會看到當地人在從事他們選擇的上班前活動。在東京等城市，這通常包括穿運動裝的慢跑者和帶大型犬出來溜的人（城市裡的小型犬較常在一天其他時候出現，活動地點也離家較近）。在新德里，清晨活動的同義詞是

1　要巡視比較棘手的地區，早上五點到七點是特別好的時段，因為那些對團隊風險最高的人不是還在睡覺就是醉得不在乎，也因為社會較不暴力的成員正開始出門上班，稀釋了侵犯行為的風險。

快走和慢跑，那些人士群集在公園的一小塊地方，穿著多數外地人以為的辦公室服裝（至少就男人來說是如此——便褲加襯衫，唯有運動鞋透露著西方觀念裡的適當運動裝備），而你在這時看到的狗都是街上的流浪犬。諸如杭州之類的中國二級城市則有截然不同的風情，在地的運動差不多等於將當地老年社群帶入公共廣場和其他空間，從事從太極到交際舞等團體活動——全都跟著行動喇叭（用汽車電池發電）發出的聲音進行。在曼谷，才六點你已經錯過最死忠的運動員：他們都利用夜晚最涼爽的時間訓練。

觀察在地人對居住地信任程度

在零售店開門營業前的幾小時，你或許會注意到社區裡的民眾和商行整晚怎麼保護自己，比如用百葉窗和鎖——那些習慣或許能讓你約略明白這個地區平常怎麼因應蓄意破壞或竊盜的威脅。當然，欠缺諸如此類的習慣可能也透露重要的訊息。

有些店會砰的一聲把門打開，其他商店，特別是店主和員工與社區關係較密切的店，則會慢慢醒過來。就算燈光還在變暖、「打烊」的標語還沒翻過來，一家倫敦在地的烘培坊可能已半敞大門助空氣流通，並服務一個在門邊探頭探腦的在地顧客，這種做法說明了規則（開始營業和打烊的時間）會被哪些已確立的關係和情境破壞，以及被誰破壞。這或許會跟他地連鎖店一翻兩瞪眼的開門法形成對比：連鎖店多半會拉起鐵捲門來宣布正式營業。這些簡單的儀式可讓我們一觀當地社會和商業關係的力量。

隨著天色漸亮，街道湧入更多活力、更多人潮而繁忙起來。你可以看到第一批通勤者離開家，開始長途跋涉、穿過城市到工作崗位。你會看到孩子怎麼上學，有沒有穿制服？是一個人、一群人，還是由一個家長陪同？以上細節都如實訴說了一個地區或城市的信任程度。你也可以一瞥吃早餐的行為：人們排隊買哪些食物？什麼樣的人會在街上吃，是在固定的地方吃還是邊走邊吃？早上的市場也遠比較晚營業的市場生氣蓬勃。

到上午八、九點，你對這個城市如何開啟一天生活的了解，應該比你在飯店大廳所能蒐集的深入得多（雖然就觀察人這一點來說，飯店大廳也有許多值得探討的資訊）。在這個時刻，我喜歡帶整支團隊一起喝薑茶、吃稀飯、培根捲或其他當地供應的早餐，一邊回顧重點，然後回住處休息一下，再繼續這天的研究。

和當地人一起通勤

除非親身感受過城市居民通勤的慘況，你絕不可能了解他們感受到的壓力和痛苦。準時的需要使早上上班的人比傍晚下班的人肩負更大的壓力，因此放大了沿途重重障礙的衝擊。倫敦偏好高價、慢速又不可靠的通勤。開羅的通勤擁擠、吵鬧又悶熱。東京的效率和人潮密度一樣高，而如果你夠幸運，能在雨季的尖峰時段搭上京王線進入新宿區，你便能體會沙丁魚罐頭的空間動力、質地和氣味。在東京，如果通勤電車延誤幾分鐘以上，業者便會發放誤點證明讓通勤者交給公司，這既證明大誤點實屬罕見，也證明公司傳統的階級文化。至於曼谷，雖然高效率的捷運行駛城市各地，交通阻塞仍十分嚴重。

在洛杉磯，開車的通勤者會自己記錄行車時間，以對抗車內導航系統標示塞車的紅線。在北京，故事已進化到另一個層次：大家都知道整座城市在某些時段會全部布滿紅線，所以他們乾脆在開車計畫裡納入工作事項，例如安排重要的電話。事實證明，能事先為可預期的通勤經驗擬訂計畫，是生活品質的一大部分，就算那意味著要事先為坐困車陣擬好計畫。

機會從觀察和體驗中流出

人們從住處前往上課或上班地點時會選擇哪些交通運輸類型？環境條件——溫度、濕度和密度——為何？是否一路順暢？路平不平？能夠坐著而不必被迫站著的可能性有多高？每一段旅程的空間允許人們哪些種類的活動？通勤費用多少？人們怎麼付款？在每一個空間，哪些活動會被認為可以接受，哪些不可接受？

以上是當我們的團隊冒險進入日常通勤的混亂時會提出的種種問題，而答案對於理解研究受訪者的生活無比重要。在大部分的深入訪談期間，通勤的話題可能只會延續一兩分鐘，但親身經歷一個城市的通勤，你便能更深入地了解民眾早上上班上學和傍晚回家時的身心狀態。

如果你想了解人們的幹勁，不妨想想他們剛剛塞在洛杉磯四〇五號公路三十分鐘，或搭完東京或新加坡擁擠但高效率的地鐵，可能分別有什麼樣的心情。這兩者是截然不同的體驗，會影響大如安排企業會議、小如打電話或傳訊息等一切行為。中國已經是世界最大的汽車市場，而且仍以相當快的速度成長，「龜速」的交通已成定局。

當中國的駕駛有更多時間和顯示器互動，我們可以怎麼設計全新的車內經驗？或者，倘若開車和停車的麻煩累積到某個地步，使聘請教育程度與車主不同的專職司機代駛更加合理，或當地車輛之間的「害羞距離」（shy-distance，在和其他車輛爭用道路時，我們心理上覺得舒適的空間）剩不到一呎時，又該如何設計？機會就從觀察和第一手的體驗中流出。

長途旅行之外的有趣觀察

機場、火車站和城市之間的客運站在人類觀察家之中（包括專業和玩票式的觀察）享譽盛名，因為隨時會有形形色色的群眾穿過這些地方的大廳。在那些地點，你除了可以看到各種時尚鑒賞力和團體動力，也能發現許多校準在地文化的機會。

中長途的客運站存在於每個城市，也支持差不多類型的活動，因此足以成為跨文化的對照。一些特別能洩漏資訊而值得注意（在文化差異方面）的行為包括排隊、在店鋪或報攤的付款選擇、旅行用娛樂媒體的銷售和消費、點心和飲料的偏好，以及在等候區使用的個人科技產品。

就連最簡單的公共建設，等候區，也能透露大量當地文化。在印度，會有兩個候車室，一個給男性和女性共用，另一個則僅供婦女和小孩使用；在英國，你會找到一間所有人共用的候車室；日本大致相同，但可能附近另闢一間吸菸室；在中國，你或許以為那裡人人平等，卻可能看到三間各自獨立的候車室——一間給全民，一間給軍人，一間給願意付一點使用費或其信用卡或銀行提供此增值服務的VIP貴賓。

交通樞紐體現政府懷疑平民百姓的程度

交通樞紐，由於是恐怖攻擊高度矚目的可能目標，通常也會流露關於安全（或「維安劇場」〔security theater〕）的規定和期望，以及政府懷疑平民百姓的程度，包括是否配置荷槍實彈的警衛和緝毒犬、查驗身分證、限制旅客行動，和進入時要不要掃描包包（今天中國許多長途火車站都要如此）。由於地處敏感，交通樞紐也是研究人員（或偷窺狂）迅速、慎重地拍照和攝影的好地方；在有些案例，一旦東西被扣留，還要與安全人員協商。在學習如何與爆炸活動長久相處的國家，可能不會有放置物品的地方（例如置物櫃、垃圾箱和失物招領處）。你或許已經料到，在美國這個自二十一世紀以來一直處於交戰狀態的國家，紐約仍是地球上最疑神疑鬼的地方之一，僅次於最近獨立的南蘇丹共和國的朱巴[2]。即使世界各地的在地人不認同保安措施的理由，他們仍迅速習慣安全規定，因而更難（為他們）察覺機會或反常現象。

有些機場比其他機場來得有趣。現已廢止的杜拜第二航廈通往全球各角落的目的地，包括喀布爾、基什、堪達哈、巴格達、摩加迪休等地，有體格魁梧的承包商、非政府組織人員、富有的在地商人和騙子繞著目的地琳瑯滿目的登機門打轉——在那裡，班機誤點你反而會笑，因為這樣你就有更多觀察和學習的機會了。

善用美容院及理髮廳

每一個社區都有某種形式的社交中心，讓人們齊聚一堂、消磨時間、聊天八卦——可說是進行社會貨幣交易的股市。在許多社區，這個中心是美容院或理髮廳。我們很難設計出比髮廊更適合進行社會互動的地方了：有地方坐和等；不會太安靜也不會太吵；有許多面鏡子可以環視房間、捕捉表情；一份工作可能要為時二十分鐘至一小時才能完成；焦點在於理髮師或美髮師跟客人的互動，而非平常行動電話之類的娛樂。只要你付剪髮或修容的錢，那個座位就是你的，一如任何在地人的，而你一坐上去，就有和房裡任何人一樣大的權利主導話題。撇開性別，任何人都可以進門接受服務。我通常每天都會嘗試不同的理髮師幫我刮臉，偶爾一天兩次[3]。

透過那些對話，你可以判斷最適合去哪裡探究人們對於天底下任何主題的意見，從運動隊伍、當地男性和女性怎麼搭訕較恰當，到政府的貪汙程度。這也是尋找領袖級人物的好方法：他們最了解社區的脈動，還可以幫你聯繫其他人脈。不妨將上理髮店視為內建有方位與個人連結的「超地方」（hyperlocal）搜尋功能。付錢買支新刀片、想想你希望對話朝哪個方向進行，享受這趟理髮之旅吧！

2 如果單就疑心病合不合理來看，我寧可在朱巴進行研究。

3 除了乾淨俐落的刮臉，我一路走來也體驗到一些較血淋淋、疼痛和充滿異國風情的變種：世界各地的鈍剃刀；在拉薩被有吉列商標但顯然是假貨的刮鬍刀削去臉上好幾塊肉；在伊斯坦堡享受用線拔毛的樂趣；在班加羅爾用生蘆薈摩擦結痂的傷口；在店裡，街上甚至田裡刮臉；在迦納一個社區用電刮鬍刀，電力卻一直中斷（那個社區愛滋病罹患率很高，當地人認為相較於刀片，電刮鬍刀比較不會傳播病毒）；最後在越南順化體驗用剃刀清耳垢之類的增值服務。

以違反規範行為測試社會規範延展性

曾經，社會不能接受男士出入公共場合不戴帽子；曾經，在鎮上漫步時用耳機和音樂隔絕城市喧囂的構想，被視為離經叛道。和素不相識的陌生人分享日常生活點點滴滴的概念，也一直被視為精神錯亂的徵兆。但觀念和社會規範，都會變。有時，不見得一眼就看得出來哪些規範在起作用，因為它們可能隨社會階層、族群、時間和地點而異，也可能看似互相矛盾。在一種情境下接受一杯飲料，可能和另一種情境下拒絕飲料一樣反社會。

親自探究「可被接受」和「不被接受」之間的界線，可能既傷腦筋，又能帶來智識上的報酬。要發掘會對某項產品或服務的採用構成負面影響的議題，並測試相關社會規範的延展性，這是絕佳的工具。一個輕微失禮舉動引起的公然侮辱愈強烈，這條不成文規則就嚴厲而牢固。

透過同理了解更多背後意義

最著名的違反規範實驗莫過於史丹利．米爾格倫（Stanley Milgram）和其耶魯大學學生在一九七四年進行的實驗，他們測試紐約地下鐵不成文的「先來先坐」就座規矩，找乘客要座位坐。出乎意料地，有百分之六十八的乘客答應了。諷刺的是，相較於讓座的人，這個實驗似乎更令被派給這項逾越社會界線任務的實驗者苦惱。「我怕我會吐，」一個學生回憶那次經歷時表示。米爾格倫本人則在接受《今日心理學》（*Psychology Today*）訪問時這麼形容他首度出擊時所經歷的深切焦慮與不安：「那些話好像卡在我的氣管，怎麼也冒不上來。」在斥責自己、鼓起勇氣請求讓座後，他的焦慮轉變為羞恥。「拿到那個男人的座位後，我必須表現證明我請求正當的行為，那壓得我透不過氣，」他說。「我把頭埋進兩膝之間，可以感覺到臉色發白。我不是在角色扮演，是真的覺得自己要死掉了。」

違反規範不見得非得是情感受虐的行為，而在某些高風險的情境（特別是有武裝警衛在場時），或許不值得拿自己的安全開玩笑。但從違反規範之中，我們確實能透過同理來了解更多，而測試越線衝擊的方法很多，從在團隊內進行角色扮演、實地演出情境，到當你感覺可能獲得啟發時，即興創作一些小小的干預。違反規範行為可能包括：越線；在有陌生人在場的密閉空間，例如電梯或火車車廂裡大聲講手機；用餐時拿出一疊鈔票放在桌上；或是拿明明沒有作用的新產品原型，例如戴著電玩選手戴的墨鏡，當眾表演使用者經驗（上述都是我和團隊成員為近期研究做過的事）。

「I'mLovin'It」的國際語言

乍看下，造訪半個地球外的麥當勞似乎和本書的觀點有所牴觸，但那種體驗的價值和食物的味道沒什麼關係，重點在於當地客人的喜好。

在我們所有行為之中，「吃」或許在我們心理最根深柢固，而飲食文化就建立在我們從小就知道的林林總總假設：從我們認為什麼是「正常」的食物，到應該如何料理、購買、進食和分享。無論你對國際餐飲連鎖店的菜單和商業實務有何看法，這種行業的本質以及永續經營之道，皆在於想出如何吸引各個市場大同但小異的大眾情感，橫跨廣大的文化光譜。

因此，就文化校準而言，國際連鎖店是寶貴的參考點：當地年輕人時常出入（且在許多例子被視為區域企業而非國際企業），掛著全球性的商標，但點綴著針對當地口味改良過的產品和品牌要素。你可以在全世界超過三萬個地點找到麥當勞的事實，代表你可以比較某個國家的麥當勞和其他任何國家麥當勞裡的一切事物——顧客、食物、菜單、裝潢和店裡及附近的行為。藉由徹底思考跨國品牌的設計決策，你可以看出它是如何針對特定的環境和文化，量身訂做商品服務。

因應文化量身訂做商品服務

雖然在已發展國家，許多連鎖店，特別是速食店，或許被視為低價市場的企業，但在發展中國家，因為有一定會放的空調和維護妥善的洗手間等奢侈設施，它們常令人嚮往。

且以孟買的麥當勞為例，和巴黎等地的麥當勞相較，最容易察覺的差異就在菜單裡——半數為素食。銷售稱霸的是「辣薯堡」（McAlooTikki）：兩塊麵包夾一片以馬鈴薯、豌豆和麵包為基底的餡餅，旁邊則有招牌商品的在地版，例如大君麥克（Maharaja Mac，很大但不是大麥克）：兩塊麵包夾雙層雞胸肉、黏乳酪、萵苣和番茄。毫無意外地，在這個印度教徒（視牛為神聖）及回教徒（不吃豬肉）比例很高的國家，包裝明確表示了內容物為素食（綠色方塊裡有綠色圓點）或非素食（棕色方塊裡有棕色圓點）[4]。餐廳會有兩間完全分開的廚房，一間料理肉品，一間料理素菜，各用各的器皿和員工。

身為高營業額的速食餐廳，麥當勞往往很早就投資可節省交易時間的基礎設施，因此你可能在那裡看到當地民眾最近採用的付款方式。在餐廳裡，你可以觀察人群的動態和分布範圍，以及描繪著足以詮釋當地年輕人心中熱望的圖像；在中國的一間麥當勞，我看到一幅影像呈現了一群使用筆電、微笑地進行社交活動的青少年，旁邊寫著用英文拼出的「現代」。

在諸如日本等發展程度較高的市場，二十四小時營業的麥當勞常是無家可歸的遊民和等待大眾運輸開始營運的民眾過夜之處。花一杯咖啡的錢，他們便可以趴在桌上而不被打擾。

標語反映社會行為與價值衝突

雖然無所不在，標語卻常被路人忽略，除非遇到某些攸關生死的情況。但**對於一心想讀懂城市環境的觀察者來說，標語及其之所以出現的根本因素，卻充分反映了公共場所的社會行為和價值衝突。**

城市的標語有許多種口味：方向、路標、一張手寫的寵物協尋字條、另一張鑰匙招領的字條。但最能透露現行及變遷中的社會觀念的，莫過於「做這個」和「別做那個」一類。

遵行或禁止或限制法律責任

當地政府機關設置的正式「遵行—禁止」標語，時常反映出既有行為與較廣大社群的喜好之間，或是與設立此標語的決策者之間的壓力點。「禁丟垃圾」的標語明確回應了歷久彌新的丟垃圾問題，全世界都看得到。中國的「禁放煙火」標語則回應該國長期燃放煙火來慶祝出生、死亡、開幕或節慶的習慣。這項傳統是因為引起火災的風險而遭到嚴密管制，尤其是二〇〇九年春節慶祝活動期間，煙火火焰吞噬了北京中央電視台總部的一大部分之後。取締煙火也反映了中國的住家已從低矮平房變遷為高樓大廈的事實，以往，噪音可能頂多影響十幾戶人家，現在，高樓的聲學特性，使一場慶典的噪音必定會被數百個家庭聽見。

光是標語的存在就足以透露它因應的議題對某人——最可能是政府有關單

4 標示肉品與非肉品為當地法令規定，位於人山人海的印度教神祠附近的全素食餐廳可能是例外。

位——非常重要，因此願意投入時間和精神與其他知情人士討論正式或非正式禁止的可能性、委託製作標語（或催促其他人蓋橡皮圖章）而後設置。而有人具備法律或道德權力在特定地點擺放標語這一點，則透露了社會允許誰做這件事的標準和預設立場。

在多數案例，這些標語並非放置來發號施令或控制行為（像都市計畫官員可能想像的那樣）；它們在那裡只是因為想控制行為的人缺乏這麼做的權力或不在場，而相信一個看似有公權力的標語能代為執行。許多正式的「遵行—禁止」標語會附上一句「某某單位製」，如「衛生局製」或「某市政府製」。這樣的標語常是都市公共建設的一環，保有那位市長的名字，即便他及其所有著名的建設已經崩壞。但多數時候我們不會注意這些「遵行—禁止」的標語；如果我們真的注意到，也早就吸收了上面的資訊，而養成忽略它們的習慣。

有些標語是展示來限制法律責任的。「請勿倚靠欄杆」一語帶出這樣的假設：如果你倚靠欄杆而墜樓摔斷腿，建築所有人的法律責任將被限制，或至少大家法院見。可在手扶梯看到的「請將嬰兒抱起」，以及「請勿站在邊緣」等標語也有同樣的寓意。

外來文化影響

在官方語言不只一種的國家，例如加拿大，憲法會明定官方標語需要出現的語言。各種語言在一個標語上的順序，與設置者給予的相對重要性有關，而在一些社區，這甚至是與政治密不可分的議題。在印度，印地語（Hindi）是國家官方語言，但英文享有次要官方語言的地位，而除了這兩者，還有十四種官方語言：阿薩姆語（Assamese）、孟加拉語（Bengali）、古吉拉特語（Gujarati）、卡納達語（Kannada）、喀什米爾語（Kashmiri）、馬拉雅拉姆語（Malayalam）、馬拉地語（Marathi）、奧里亞語（Oriya）、旁遮普語（Punjabi）、梵語（Sanskrit）、信德語（Sindhi）、泰米爾語（Tamil）、泰盧固語（Telugu）和烏爾都語（Urdu）。如果寫某種語言的標語傳播開來，可能反映了人口的遷徙、度假喜好的變動、一個昔日封閉社會接受外來者的意願，以及各國之間的貿易愈益重要。二十一世紀初，中文標語在非洲愈來愈常見。英語已廣為北京捷運採用。阿拉伯國家雙語標牌的版面同樣支持了兩套文化假定：阿拉伯文從右寫到左，西方語言從左寫到右。

標語上使用的語言也流露了作者的抱負。在日本，有些店展示的標語只寫英文——不是為了給說英文的顧客方便，只是想為店裡平添一點世界主義的氛圍。不懂日語的西方人會穿戴印有日文的T恤和其他隨身用品，也是同樣的原理。刺青上常見到日文漢字使用不正確的情況，已經——也將繼續——為真正懂其字義的旁觀者提供笑料。而隨著世界開始感受到中國文化的細微之處，我們可以預見更多由中國設計師創造的商品和服務，將充斥著他們的文化標記。

在不識字率較高的文化，文盲人士一般會依賴人而非標語的指示。例如，新德里一名不識字的自動人力車駕駛，如果行駛到超出本身舒適區的路線，要不把車停下來問路，要不就打電話問朋友。當然，城市也有可供文盲使用的標語，最全面的案例之一是一九六八年藍斯・魏曼（Lance Wyman）為墨西哥捷運設計的圖像。當時，墨西哥的不識字率仍相當高，而他讓每一個車站都有一個簡單的代表圖例，例如鴨子、運河或鐘，對應車站附近的文化或歷史地標。

「禁止」背後所提供的資訊

有些標語記錄了技術的演進。這些年來，「勿講手機」標語上畫的電話已從摩托羅拉（Motorola）的黑金剛（brick）變成諾基亞的條狀糖果機（candybar）又變成蘋果的 iPhone，每一代看來都和下一代一樣過時，至少在規格確立或使用絕跡之前是如此。你在埃及電話業者的圖示裡仍看得到老派的轉盤式電話。

正式標語偶爾也會出現微妙的顛覆性：注意看看標語「禁止」部分的細節，

再細細理解標語的要求，你會發現兩者自相矛盾。在東京我遇過一個「禁騎自行車」的標語，採用傳統單速車愛好者的姿勢，但仔細觀之，單車的剪影呈現出競輪賽的車型、牛角手把、沒有煞車——唯有專業的眼光才會注意到的細節，顯然是知情的設計師刻意用來向自行車同好致意。

「禁止」標語也可能造就次文化或反文化的寶物。在東京一座小公園出現的「請勿在此練習高爾夫揮桿」，訴說了這地區中年日本人的運動喜好，也言明在那個空間從事那種活動的危險。那個標語的存在暗示真的有人可能在那裡從事被禁止的活動。為什麼那座公園就沒有「請勿在此練習棒球揮棒」的標語，既然棒球實為日本全民運動，而且可能對去公園的人一樣危險？首先，棒球活動較侷限於指定的棒球場所；再者，東京許多鄰里都有小型高爾夫練習場，但要收取入會費，公園則是免費。當然，這個標語本身並未提供這樣的資訊，但它足以證明，有特定設計存在，而其他設計不存在，可以告訴你許多有關公共空間如何運用，以及其成員認為該如何運用的資訊。

在人口密度高的國家，一個人的失禮可能影響附近許多人，因此管理禮儀行為的規範常陳述得非常詳盡。東京地鐵的標語明確規定了各式各樣時常發生而需要公開譴責的活動：禁止吸菸、禁止觸摸、禁講手機、禁放音樂、禁止化妝、禁止在車門關閉時跳上火車、禁止在地上睡覺、禁止飲食等等。

數位化未來的可能性

「沒有標語」同樣具啟發性。在伊朗進行一項田野調查研究時，我們的團隊深夜在德黑蘭北部散步，到一座公園遊蕩。偌大的公園只有兩個標語：「飲用水」，以及另一處的「非飲用水」。反觀美國，這個據說是全世界最好管閒事的國家之一，一座差不多大小的公園可能會充斥著詳述各種規定和規範的標語，做這個，別做那個，特別是在兒童遊戲場。話雖如此，不管是在伊朗、美國或世界其他地方的公園，這類型的標語都可做為城市、州級政府或國家管理環境的指標。

哪一個國家發展程度較高呢？是透過實體、正面教訓的標語來明確敘述規範的國家；還是對於你能做什麼、不能做什麼的假設，較固著於社會架構的國家？看不到標語是透露出那個國家缺乏進展、思考、結論和法規嗎？或者恰恰相反？

在許多方面，標語可以是最後的手段，對一個空間的補充說明，憑直覺就能明白、無文字說明的設計效果較佳。都市計畫者、建築師和設計師已經創造一整套令人不自在的補充字彙——企圖影響行為的都市手段——例如在壁架或矮牆上面擺一排小尖鐵阻止民眾去坐；在欄杆上焊接金屬球不讓人玩滑板；或是在容易吸引鴿子的表面設置像釘子的亮光。

在你將目光對準城市的標語時，一定要想想它數位化的未來可能如何演變。如果我們愈來愈能創造數位層，並將之覆蓋於周遭世界，那理論上任何能創造數位層的人都能發布標語或評論，而任何知道如何找到數位層的人都能觀看。此外，如果設置標語的人——從政府部門到廣告業者——能夠使用愈來愈精密的攝影機和感應裝置來判斷行人，他們會如何運用那些資料來傳達權威呢？「禁止吸菸」的標語，如果伴隨你那位風紀嚴明的高中數學老師的影像或聲音，或許會更有嚇阻作用。

捕捉「空間精神」，發揮累積效應

設計師常談到要與「時代精神」（zeitgeist）並轡而行，不過這個德文字的意涵，遠超過其字面意義。時代精神絕不只是當代的趨勢和風格，它是種心境，是種本質，而透過文化吸收，一名優秀的設計師可以獲得敏銳的洞察力來判斷設計是否符合時代精神。

同樣的情況也適用於我喜歡說的「空間精神」（plazgeist）：對於一個環境精神的全盤理解，無論是鄰里、城市、地區或國家。上述種種技巧都可以在意識及潛意識中幫助你獲得那個觀念，但透過感官刺激來理解，你可以建立名符其實的「心境資料庫」。而在你的空間精神隨時間褪去後，這個資料庫將成為你重返那個地方與它的精神的門票。

而大特寫遊覽（Macro tour）是透過一個巨大（非常近）的特寫鏡頭捕捉有關一個環境的畫面，讓你得以思考這些芝麻小事，例如：構成一個物體或空間的質地、色彩、幾何學和神態。大特寫的鏡頭讓你得以把事物從背景離析出來，但你捕捉的畫面也可以之後擺在一起看，發揮累積效應。

大特寫遊覽可以是漫步一個鄰里，或更具限定性的空間，諸如便利商店、公車車廂內或公園等等。數個團隊聯手進行的效果最好，在後續的會議中，不同隊員拍攝的照片可以集合起來、釘在一起分享。大特寫攝影固有的細膩和深度，也是簡報、經驗討論會和影片的絕佳素材。

感官經驗超越視覺刺激

大特寫遊覽的變種包括魚眼遊覽（fish-eye tour，用超廣角鏡頭取代特寫鏡頭）

和全景遊覽（panorama tour）：盡可能用單一畫面捕捉一個環境。相對於大特寫遊覽高解析、宛若蒙上眼罩的馬不能側視的細節，魚眼和全景遊覽能就一個環境提供極敏銳的整體觀，而這種鏡頭拉近、拉遠所呈現的對比，就是最適於吸取空間精神的透視觀。

既然這些活動的目標是捕捉一個環境裡的感官經驗，超越視覺刺激應該大有幫助。當然，記錄和重播嗅覺、味覺和觸覺的體驗可能相當困難（但有朝一日會有可能），但一場聽覺之旅亦可為此過程增添絕佳的質感。

「寂靜」很少完全悄然無聲——只是我們已經訓練自己的耳朵過濾周遭的聲音。一部高級錄音機可拾取原本會不知不覺飄過的聲音，助你回想某個情境：熙來攘往的平底鞋之中冒出一雙高跟鞋、遠方一個小孩在哭、機器的音效介面砰砰作響等等。回到辦公室裡，聽覺旅行的記錄可以在綜合會議或研討會播放來重現資料蒐集的環境，喚起團隊的感覺記憶，也可做成背景音樂增添概念影片的深度。

當世界在你門前，不要只看窗外

本章概述的文化校準技巧，原本想設計得兼具啟發性和樂趣，但一用於企業研究，就會遇上那個陰魂不散的問題：實際可行嗎？就算沒有被劃進正式的研究計畫，它們仍蘊含時間及精神成本，而且付出這些成本的人，通常就算睡眠沒被剝奪，也得歷經漫長工時的團隊[5]。

那麼，就讓我們談談務實的層面。假設你想要設計一台最適合某特定族群的微波爐。更細膩地理解在地人的通勤習慣，要如何幫助你完成這項任務呢？如果那些在地人是你的消費者，那麼藉由了解他們的通勤，或許就能洞悉是哪些壓力致使他們快速加熱食物、帶到路上吃；甚至能一睹他們如何在公共運輸上光明正大或偷偷摸摸地進食——視環境的正式或非正式規定怎麼說。

但更廣泛地來看，了解通勤習慣也能助你了解你的消費者目前及嚮往怎麼過日子，以及如何在方便、成本和舒適之間求取平衡。在你當面採訪消費者或做家庭訪問時，通勤和其他情境活動將有助於你更深入地理解他們與你分享的事物，光憑基於人口特徵所做的假設，是無法做到這種程度的。

尋找最理想的表面積

進行文化校準技巧的祕訣在於達成適當的平衡，使之感覺起來不致過度刺激。適當的實行需要經常診斷你和團隊吸收到多少東西，以及在過程裡付出多少心力。雖然資訊永遠不嫌多（不過菜鳥團隊常會過度蒐集資料），但一定會有那麼一個報酬遞減的點，所以聰明（通常也勇敢）的選擇是退開來，聚焦於能產生較豐盛成果的方法。

「好」設計研究與「優異」設計研究的差別，往往在於能否找到正式與非正式資料蒐集之間的適當平衡，以及是否擁有恰當的身心空間來處理資料——也就是將資料（原始資訊）轉變為洞見（適切地將資料應用到手邊的工作）。多數研究人員都能獲悉正式的資料，卻因本身（及客戶的）良心使然，沒辦法找正當理由進行那些感覺起來較不像工作而較像玩樂的活動。我稱此為「尋找最理想的表面積」，而這正是我在書末附錄所列設計研究的八大原則之一。

我們想像「可能是什麼」的能力源自我們的知識，在獲得經驗擴充後，最終成為「理解哪些經驗可用於手邊工作」的能力。無論你打算創業、設計某種

5 給任何研究團隊領導人的經驗法則：如果你打算實行這些技巧，一定要以類似這種方式進行：在連續一星期晚上只睡四小時後，起碼要多給他們睡一小時做為報答。

不相干的東西或思考轉行的事，迅速重新調校的技巧，以及在顯眼處發現隱藏資訊的能力，都能幫你達成目的。應用於你的生活和工作，將能助你挑戰想法、打動人心。請仔細琢磨這點，錢包會自己打開。

我們所做的每一件事都需要信任：
每一個社會連結和每一筆商業交易；
每一次表決和每一份協議；每一個贊同和每一個否決。
我們沒有信任不能活，沒有某種程度的不信任也無法生存。
我們對於何者足以信任、何者足以不信任的觀念是個人及文化認同的一部分，
而且已精細琢磨到我們會分別用「天真」和「疑心病」來嘲笑信任太過和太少的人。

06

左右消費者
買不買單的
信任生態

一八四九年七月八日，《紐約先驅報》（*New York Herald*）報導，「外表彬彬有禮的男人」威廉．湯普森（William Thompson）已經建立如此的名聲：在紐約街頭隨意找陌生人攀談。用玩笑打開話匣子後，他會名符其實地測試他們的信任，問：「你可以信任我，把手錶放在我這裡，明天歸還嗎？」給予肯定答覆的人會交出手錶，讓湯普森笑著離開。這些受害者也會笑著離開，以為一個看似如此親切，膽敢提出這麼厚臉皮的請求的男人，一定值得他們信任。當然，這些人都再也沒見過湯普森——或他們的手錶——直到一位兩個月前「借」湯普森一支價值一百一十美元（相當於二〇一二年的三千美元）金錶的湯瑪斯．麥唐諾（Thomas McDonald）在街上看到他，立刻叫來一名警官將他逮捕。

信任也是一種個人及文化認同

隨著這起奇特犯罪的消息蔓延開來，湯普森開始被稱為「被信任的男人」（Confidence Man，已引申為「騙子」之意）。這起事件也成為赫爾曼．梅爾維爾（Herman Melville）最後一部小說《騙子的假面舞會》（*The Confidence-Man: His Masquerade*）的靈感，創造了這個我們沿用至今，形容那些善於贏得、操控及利用陌生人信任的專家的詞彙：con man。

威廉．湯普森或許是最早的「con man」，但早從《創世紀》（*Genesis*）就有故事闡述誤信的危險：「比原野上任何動物都要狡猾的蛇」，欺騙了伊甸園裡的亞當和夏娃。這個人類歷史最基本的課題，將信任描述成型塑各種人際互動最根本的力量。

我們所做的每一件事都需要信任：每一個社會連結和每一筆商業交易；每一次表決和每一份協議；每一個贊同和每一個否決。我們沒有信任不能活，沒有某種程度的不信任也無法生存。我們對於何者足以信任、何者足以不信任的觀念是個人及文化認同的一部分，而且已精細琢磨到我們會分別用「天真」和「疑心病」來嘲笑信任太過和太少的人。

今天，在曼哈頓的街頭，誰會考慮把一支價值三千美元的手錶交給素昧平生的人（或留心一條會說話的蛇的建議）？誰會費心從頭到尾讀完一封以「我是一個奈及利亞親王的兒子，需要你的協助」開頭的電子郵件？我們的標準或許會隨時間改變，但改變的程度，無論大小，通常在我們預期之內。接下來我們將進行一場環球之旅，一探我們為什麼會比其他人更信任某些事物、人物和品牌，以及如何建立和維繫信任。就從一次中國之行開始吧！

環境與線索左右每一個決定

一個隆冬的上午，你正邁著輕快的步伐，穿過北京一個傳統灰色牆壁的鄰里，想阻絕嚴寒，找個溫暖的地方和一點東西吃。明天你就要飛往東京參加客戶的宣傳會議，希望脫穎而出。一縷縷從竹籃子冒出的蒸汽在召喚你，籃裡裝滿餃子，由一個臉上刻劃滄桑，穿著一條骯髒圍裙的婦人蹲在那裡照料。你信任這一攤賣的餃子嗎，敢吃嗎？萬一你弄錯會有什麼後果？有哪些線索提供支持兩方面的證據呢？你信任你對那些線索的評估嗎？

一個星期後，已飛行六千空哩的你正在舊金山一間星巴克裡，短暫駐足於調味品的櫃台前，從一罐滿是指印，剝落汙損的標籤寫著「各半」（指奶油和全脂牛奶各半）的保溫瓶把裡面的液體倒進你的杯裡。有多少人碰過這只保溫瓶？其中有多少人上完廁所沒洗手？喝那個安全嗎？同樣地，有哪些線索提供支持兩方面的證據呢？萬一它不安全，會有什麼後果？

在你做一個決定的同時，無論你是站在小地方賣餃子的攤販或大型連鎖餐廳的各半保溫瓶前面，你都在默默地、明確地思考大大小小的事情：從有沒有其他顧客在場一同承擔風險等情境線索，到這是不是千載難逢的體驗；從品牌的價值與代表意義，到如果事情出錯的衝擊。在這一刻，所有事態和所有線索都在產生影響。

一如生物的生態系統，信任生態系統——我們做每一個信任／不信任決定的情境，由周遭環境和其一切組成要素決定，包括當地（或超地方〔hyperlocal〕）的犯罪率、身邊的景象和氣味，和陌生人的友善程度等等——也型塑著情境內發生的每一次互動。也一如生物生態系統，當信任生態系統發生全面性的系統變化，系統內所有人、事、物都感覺得到它的影響。

信任完全型態分析

在我們開始透過探討生態系統來檢視信任之前，先讓我們看看自己究竟是如何評估商品服務有多值得信任。這沒有什麼公式，信任的決定可能基於任何理由，從朦朧的情感——覺得某樣東西看起來很可疑、不對勁或有問題，或感覺起來不錯——到「捷思」（heuristic）：一條簡單的心理捷徑。比方說，我們可能會拒絕去在某個可靠的餐廳評論網站評價不到四顆星的地方吃東西，但如果某個愛好美食的朋友藉由在某個意想不到的地方「打卡」（在 Foursquare 等社群網站）做含蓄的推薦，我們也願意破例。事實上，這種捷思正是前面第三章所討論到的採用門檻模式的基礎，它闡明了本身就是信任生態系統的社群網絡，如何對決策過程發揮巨大的影響力。

信任六大面向

正如你對一件出奇複雜的事物可能會有的預期，取得信任有許多不同的方法，既與我們的決策息息相關，但也十分仰賴以直覺處理大量資訊，因此一個細微末節就可能代表恐懼和自在的差異。但在總和（整個信任生態系統）和其部分（每條線索）之間，信任立基於特定幾個生存要素，以及我們對基本求生資源的維護上。為分析其結構，讓我們分別看看評估信任的六個層面：純正、履行、價值、可靠、安全和追索。

- 純正：當一項產品擁有的特質符合我們對於那種產品應包含的期望，我們便認為它「純正」，即便那種純正完全是主觀認定，且取決於文化。以披薩為例，對紐約人來說，一片純正的披薩有薄而Q的餅皮和少許醬料；芝加哥人眼中的純正披薩則有厚餅皮和滿滿的醬料。但如果這兩個城市的餐廳業者試圖供應一塊由奶油酥皮麵糰、番茄醬和加工乳酪做成的披薩，顧客會迅速對這家店以及它製作符合他們定義之「披薩」的能力失去信任。
- 履行：用英國木材染料及防腐品牌皇室牌（Ronseal）不朽的名言來說，就是一項產品「跟罐子上說的一模一樣。」我們信任說到做到的東西，不信任說一套做一套的玩意兒。
- 價值：可定義為相較於其他選擇的品質與價格相稱程度；簡單地說，我們信任感覺不像敲竹槓的東西。
- 可靠：和履行類似，但也意味著產品始終如一做到它應當做到之事，讓我們得以在最需要它的時刻指望它的表現。它明天還是會在這兒，後天也是，大後天也是。

- 安全：這個比較簡單，我們不信任會對自己、別人或環境造成嚴重身心損害的東西。
- 追索：這是一種獲得保障的感覺（明確的或暗示的都可以），也就是說，如果某項商品故障或失效，製造商或零售商會及時且殷勤地解決問題。明確的追索可能包括了：保固書、客服救援電話、換貨政策或退款保證等等。

信任的六大面向有哪些共通點？它們都可以標準化、法典化，並透過各種消費者保護法規加以執行，如：真實廣告法（truth-in-advertising）、檸檬法（lemon law，即次級品補償法）和健康安全規定等等，但法規和執行程度可能因情境而大不相同，就像個人對這六項的主觀評估，可能會因過往經驗和手邊可用資訊而異。

在規範保護和主觀評估之間，人們會建立一套期望，而這套期望就界定了信任生態系統。

廠商該努力的消費者信任門檻地圖

在高信任的消費者生態系統，顧客會期望商人以合理價格提供可靠的商品和服務，期望行銷可以信任，也期望政府（或其同儕組成的陪審團）能當他們的後盾處理嚴重違反信任的事項。相對地，高信任生態系統中的商人也會期望顧客相信他們的商品和行銷如外表看起來那樣。反觀低信任的消費者生態系統，顧客很可能對多數商品半信半疑，也欠缺規範安全網賦予的平靜。商人必須假設出示證據的責任在他們身上，但他們也知道自己可能逃過一劫，因為他們並未面臨罰款或訴訟的威脅。顯然，身處高／低信任程度生態系統的消費者，一開始就抱持截然不同的假設：前者認為物品可以信任，除非有人舉起紅旗；後者覺得在憂慮平息之前，什麼東西都不可信任。

在一張信任的門檻地圖上，我們可以把這些預設視為不同的起點，低於波谷門檻的區域為拒絕區，高於波峰門檻的區域為完全信賴區，兩者之間則為足夠信任區。在拒絕區，消費者不肯使用考慮的商品或服務，因為他們認為它的好處不符合成本（可能是金錢、健康、名聲或其他在購買時認為重要的標準）。在足夠信任區內，至少有消費意願，但也有某種程度的懷疑讓消費者留意可能的破壞交易因素。在完全信賴區，消費者百分之百相信那項產品或服務將實現它每一個承諾，也就是說，不必浪費任何心力找瑕疵或為意外做準備。

中國黑心食品與星巴克，分占不同的信任生態系統

讓我們回到先前提過的兩種情況：北京的餃子攤和舊金山的各半保溫瓶。依照多數全球標準，中國是消費者信任度低的生態系統，特別是在食物方面。一年到頭中國都有黑心食品的新聞報導，從化學物質、明膠和石蠟做的假蛋，到浸羊尿來增添羔羊風味的鴨肉，到俗稱的「地溝油」：從工業廚房，偶爾從真的水溝回收使用的飽和油。這張信任門檻地圖的起點很可能直接落在拒絕區。餐廳業者要怎麼將準顧客移入足夠信任區呢？或許可以改變裝潢、重新設計菜單、掛出一些大獲媒體好評的剪報，甚至提高價格讓這地方看起來更炫一點——也可以加深原始商品和盤中飧之間的關聯性。當一盤雞送上來時，你知道那是雞，因為牠的身體、腳、翅膀和頭全都展示在盤子上，讓食物的來源更具說服力（從頭開始什麼都吃——雞腳在中國可是珍饈）。

在低信任的生態系統，被殺的動物與你盤裡食物之間的抽象連結，通常不如高信任生態系統明確。

現在讓我們回到舊金山的星巴克。我們不僅身在一個消費者保護標準較高

（且妥善執行）的國家、州和城市，也在一個有企業安全標準的行號。在這個環境裡的起始假設是各半的保溫瓶絕對安全，只要那間星巴克的一切看來和那些標準一致。但如果有任何跡象暗示安全原則受到危害——怠慢的員工沒清理打翻的飲料、蒼蠅繞著「各半」飛——就可能會讓你三思而行。至於你要注入各半的咖啡，你可能會仔細考慮它的純正（是否符合公平交易？）、履行（如果你要求去咖啡因，他們會幫你去掉嗎？）、價值（那值得你花三塊錢嗎？）、可靠（跟你昨天喝的那杯一樣好喝嗎？）、安全（在你走向車子的時候，杯蓋會不會留在原位？裡面的液體會不會灑出來燙傷你？）和追索（如果咖啡喝起來像燒焦的土，你可不可以換一杯新的或把錢拿回來？）。但因為一般認為就這些標準而言，星巴克是可以信任的品牌，門上的名字便成為讓你得以省下心力、跟著信任走的捷思。

贏得消費者信任的品牌力量

品牌在信任生態系統中扮演至關重要的角色。每當知名品牌旗下推出新產品，我們對那項產品的信任基線，就由對該品牌其他商品的感想塑造。**對品牌的信任度已證實和品牌忠誠度及正向情感聯想關係密切，這兩者皆有助於擴增品牌的市場占有率，並使公司得以收取溢價。**

民眾是否願意相信他們聽聞關於某個品牌的言論，也與他們是否信任該品牌息息相關。根據埃德爾曼顧問公司（Edelman）信任度調查報告（Trust Barometer）的指數，當一家公司獲得信任時，有百分之五十一的民眾願意在聽到一、兩次有關該公司的正面資訊之後相信，而只有百分之二十五會在聽到一、兩次負面資訊後選擇相信。但當一家公司不被信任時，百分之五十七會在聽到一、兩次有關該公司的負面資訊之後相信，而只有百分之十五願意相信正面資訊。**信任固然是一個品牌的重要資產，但欠缺信任的殺傷力可能更驚人。**

維持信任一致性，可口可樂的不敗祕訣

如果我們以這六大面向——純正、履行、價值、可靠、安全和追索——來思考品牌，便可鑑定出建立知名品牌的主要優勢。讓可口可樂（Coke）之所以為可口可樂的一致性暗示著：純正，因為可口可樂喝起來永遠是你知道且預期的那種味道；履行，因為你知道它以往對你產生的影響，而你預期會有同樣的影

響；價值，因為在你之前（假設）付一美元買一罐可口可樂時，拜俗稱錨定效應（anchoring effect）的認知偏誤之賜，它創造了「下一罐可樂也有一美元的價值」的長久印象；可靠，也是因為可口可樂每次喝起來都一樣；以及安全，因為它之前沒有傷害過你，你可以合理預期下一次飲用時也不會受害（不談現今歸咎於含糖飲料的長期健康問題）。如果一個品牌可以保持這種一致性，理論上就不需要追索，因為這一套假設將會灌輸完全的信賴[1]，而把追索的念頭逐出消費者的腦袋。

考慮到消費者投注予特定品牌的信任，也難怪競爭對手會願意抄襲、剽竊或「向現有品牌致敬」來提振本身商品的銷售。我們都很熟悉那些幾近複製品的產品，例如看來跟市場上其他商品十分神似的太陽眼鏡和行動電話，而雖然品牌、消費者和執法機關可能不時對於何謂「仿冒品」意見分歧，但我們都見過品牌名稱出現在一些，嗯，不可不謂可疑的場合。

1 可口可樂也提供了一篇警世故事。我們可以從一九八五年新可口可樂（New Coke）的失敗中學到，當一個品牌搞砸核心產品和價值，可能會出什麼亂子。當時，可口可樂更改配方，掀起軒然大波，也讓該公司的信任生態系統付出代價。所幸，可口可樂的高階主管對顧客的憤慨做出回應，在七十九天後讓原本的配方回到市場，因此挽救了聲譽。

在食物來源可能造假的國度，證明「純正」客戶就買單

我遇過最極端的例子是在喀布爾的肯德基（KFC）分店——至少看起來和聞起來像肯德基，有桑德斯上校熟悉的臉龐和肯德基代表性的紅白配色，伴隨絕不會認錯的油炸麵糊香。但肯德基母公司百勝餐飲集團（Yum! Brands）在阿富汗並沒有任何連鎖店。是當地一名企業家複製了肯德基的招牌，開了自己的店，在這個例子叫「喀布爾炸雞」（Kabul Fried Chicken）。有人能在一個飽受戰火摧殘的國家「反向工程」一整間速食店，已經夠不同凡響的了，但激發我的興趣的是，他決定不要單純拷貝已存在其他國家的東西，而要使設計適應在地的傳統。

如果你進過正牌的KFC（其實任何國際速食連鎖店都差不多），你不會在菜單或招牌上看到的一樣東西是：製成食物的那種動物的原貌。**在高信任生態系統的世界，速食業者會盡可能拉遠肉品源頭和盤裡商品之間的距離**。但喀布爾並非如此，招牌上附了一張小雞的圖片，如相片般真實（菜單裡多了印度烤肉串或許也洩露了「這不是肯德基！這不是肯德基！」雖然如我們在前面第五章看過的「辣薯堡」的例子，速食業者常願意針對當地口味調整菜單）。在一個「雞」可能不真的是雞的國度，消費者需要再三保證。

在這種特殊的信任生態系統之中，「純正」主要仰賴在供應的食品——這

個例子是雞——和食品來源之間建立直接的連結。要建立信任，必須先證明供應的食物純正無欺，而與餐廳本身是不是肯德基授權的加盟店沒什麼關係。

如果在肯塔基的肯德基（正牌的）使用活雞的圖像，並像喀布爾炸雞那樣供應印度烤肉串，它的顧客搞不好會失去對這個品牌的信任，因為這些新的附加物明顯和肯德基粉絲對該品牌的期望不一致。一如可口可樂的領導人在錯誤推出新可口可樂後所發現，消費者會決定什麼叫純正，何者不然。問問救生員（Life Savers）汽水、高露潔（Colgate）廚房主菜、奔肌（Ben-Gay）阿斯匹靈、比克（Bic）內衣或史密斯威森（Smith & Wesson）登山自行車的製造商就知道——這些都是名門出身，卻一敗塗地的商品。

聞一聞牛奶，信任測試

九〇年代中期，我剛結束學業，在倫敦柏貝克大學教設計課。我給網路設計學生的一項作業是要他們一步一步拆解大家都很熟悉的泡茶流程，藉此深思設計諸如電子商務等工序的細微之處。多數學生鑑定的簡單泡茶流程如下：走進廚房、把茶壺裝滿水、打開火爐、把茶壺放到爐子上、從好幾種茶葉中挑一種……你明白我的意思。課堂上對於茶是在開火之前還是之後放進茶壺、要用哪一種茶葉（同樣的問題在中國或印度會得到截然不同的答覆）、是用電茶壺還是瓦斯爐，和要不要加糖等事項有些差異，但當我問有沒有人加入其他人都沒提到的步驟時，只有一個學生舉手，說了一件在大多數人的參數之外，卻絕對合理的事：「聞一聞牛奶。」他是獨居的單身男子，很少待在公寓裡，去買食品雜貨的時間也不固定。因此，他常發現牛奶還沒用完就壞掉了；聞一聞是他判斷能否信任牛奶可以安全飲用的方法。

回想星巴克的例子，在全球品牌的店面嗅一嗅牛奶，和在家裡面聞的差別在哪裡？在星巴克，有數十種指標暗示消費者牛奶值得信任：從門上衛生稽查人員的分數、保溫瓶外暗示牛奶才從冰箱拿出來的水滴，到忙碌的店員不時過來換保溫瓶等等。在家裡，唯一的指標是印在紙盒上的保存期限，那或許能讓你增添一些對產品的信心，卻無法實際告訴你牛奶究竟什麼時候會變酸。我們都會在日常生活做「嗅覺測試」（sniff test）——我們做這一類的事情是為了在消費或互動的關鍵階段能夠放心，某項產品或服務（或人）值得信任。**消費者在哪個信任生態系統運作，又有哪些正向的信號能強化信任或減輕疑慮，是所有優秀設計師、產品研發人員和行銷人員——各行各業的創新人員——都必須了解**

的課題，無論他們的終端使用者是在沏一杯簡單的茶，或在網路上管理他們的財務。

落在高信任或低信任指標，消費者態度大不同

在高信任生態系統，即預設期望為產品服務可以信賴的環境之中，信任指標會落在藉由純正、履行、可靠和追索等方式維繫及支持既有信任的繩子上。電視廣告會主打「雪佛蘭深入人心」（Chevy Runs Deep）之類的口號，凸顯品牌長久的聲譽，而非新的產品或特色。

如果消費者是身在低信任生態系統，即基線是缺乏信任、賣主必須向準顧客證明自己值得信賴的環境之中，信任指標就必須設計來將那些準顧客從「拒絕區」拉進「足夠信任區」。這些指標通常要應付的是違背後果最為嚴重的面向：安全和價值。花一個月的薪水買到一支原來不是你以為買到的那個品牌的手機是一回事；花一個月的薪水買到根本沒辦法打電話，或更慘的，可能會害你觸電致死的手機，則完全是另一回事。

要為這些情況創造嗅覺測試並不必大費周章，只需要一點點獨創性。在中國重慶，公共場所吐痰仍相當普遍[2]，計程車常會用椅套做為乾淨的指標（代

表安全），而最值得信賴的計程車，是前座椅套背面印的星期幾跟今天一樣的車子。這不是說其他計程車司機不會每天更換椅套，但他們並未付出同等的心力來向客戶傳達，讓他們放心。

將信任建於商品和服務之中

在世界另一邊的烏干達和阿富汗等地——二〇〇九年分別只有百分之九到十五的人口能用電的地區，許多行動電話用戶都會去市場找有汽車電池或可變電源供應器的攤販，付點錢幫手機充電。但顧客怎麼知道他們不會被電池根本沒電的攤販敲竹槓呢？在阿富汗電力網未及的市場，攤販會讓電源供應器連接燈泡，而那些亮著的燈泡就說著「信任我」的故事。顧客又怎麼知道手機在充電期間不會被偷呢？在烏干達的攤位，我注意到攤販會把手機放進置物櫃上鎖，雖然就我所知這不過是維安劇場，但一如任何形式的維安劇場，其用意是讓心情平靜，不見得提供裝甲般的防竊保證。

有時，**服務會將聞牛奶的機會直接內建於服務本身的設計和機制之中**。相當於中國 eBay 的淘寶網是在低信任的生態系統經營，而且網路比當面交易更不受信任。eBay 和淘寶在交易方面最大的不同點在於，淘寶建立了專門的聊天平台，所以買家和賣家可同時在上面協商，嗅一嗅彼此。其次，淘寶允許顧客先將款項匯入信託付款帳戶，錢會等他們收到產品且覺得滿意才轉給賣主。基本上，淘寶不僅仲介商業交易，也是買賣雙方信任關係的中間人。這些差異正是為什麼 eBay 在中國鎩羽而歸，而淘寶以全面勝利者之姿崛起的重要原因。

當然，要將信任建於商品和服務之中，還有更微妙的方式。諸如顏色、質地、印刷、形狀、尺寸、體積和重量等設計暗示，全都有助於建立「某樣東西會履行承諾」的信任感。

比較產品信任度

下一次當你出門買東西，無論是買個人電子用品或牙膏的時候，請試著做

2 吐痰，特別是在外國人注意到的時候吐痰，或許是最令受過教育、有國際觀的中國人反感的議題，至少以談到這個主題時的反應來看是如此。大膽猜測原因：吐痰有私人且非常利己的作用，且自然而然讓他人接觸到吐出的東西。吐痰在農業文化較常見，（骯髒的）體力勞動較可能刺激痰沫分泌，而因為人口密度較低、自然表面（土和草）較大，朝他人吐痰的負面影響通常比在都會環境來得低。對現代都會居住者來說，吐痰會令人直接且不快地想到社會不久前的樣貌，以及生活（和所得水準及態度）之前的樣子。簡言之：這是受過教育、有國際觀的中國人想要拋在腦後的印記。這個扞格反映出現代與傳統中國之間的緊張，以及事物變遷的速度。

下面的思考練習。花一兩分鐘觀察同一類別的兩、三種商品，想想是什麼讓你信任其中一種勝過其他。是品牌名稱嗎？過去使用該項產品的經驗？因為包裝的設計？價格？現在想想萬一你做了「錯誤」選擇的後果，也就是你的預期和最終結果之間的重大逆差。你覺得被誆了嗎？因浪費錢而覺得可恥嗎？（是你、你的同儕團體或是店員之類的陌生人該感到羞愧？）你會特地分享你剛碰到的不信任嗎？有沒有任何情境或環境可能放大或緩和那些後果？

在評估過這些後果之後，想想你願意付多少錢買更值得信任的商品。何種程度的信任是足夠的信任，何種程度又過頭了？對於明顯把信任做過頭的商品，你會做何反應？比方說，有一包六塊裝的海綿包裝得像一支高檔智慧型手機，或附了一張要你填入個人資訊的保固卡，或保證如果你的海綿出了什麼問題，可以立刻拿去該品牌的旗艦店退換，你會怎麼辦？

如果你想把練習做得再深入些，可以問問自己會在畢爾及鮑蘭「擴散過程」的五個階段——意識、興趣、評估、測試和採用（見第三章）——以及採用之後的使用過程，怎麼評估上述產品的信任度。

洞察每個消費選擇的基本理由

最後，我們來到使用結束時的信任問題，以及暗示產品會在何時過期、用壞或失效的設計元素。就像那個聞牛奶的學生，我們有時候可以仰賴自己的感官來告訴我們東西已經變酸（有時沒有那麼直接），而許多內建的警示也能增添一些感官元素，例如汽車剎車磨損指示器發生的聲音，或加入天然氣中、幫我們察覺漏氣的氣味。然而，萬一這些機制呈現「偽陽性反應」，例如有效日期離食物真正開始壞掉還很久，或牙刷指示刷毛顯示該更換一支還能用的牙刷，我們便會失去對那些機制的信任，開始視而不見。所以，在你比較產品信任度的時候，要想想他們提供哪些嗅覺測試（如果有的話），以及要怎麼做才能不僅嵌入這些機制，也讓它們值得消費者關注。

人人都是消費者。當我們透過這個思考練習來思索自己的選擇，我們便能洞察自己每個消費選擇背後的基本理由。如果你試圖在市場引進足以讓他人信任而使用，甚至喜愛的商品或服務，而有系統地處理這些問題，是理解的不二法門。

現在，應該極其明顯的是，信任和消費環境的幾乎每一個層面，從交易發生的背景、商品背後的品牌到商品本身的設計與展現，都會相互影響。坊間已經有數百本書探討這個主題，未來更將有數不清的鉅著，所以我的目標不是為你解析信任關係的每一面，而是給你一些新的角度來處理信任關係。而我已將最令人費解，卻也最令人著迷的千絲萬縷留到本章最後：整個市場是怎麼建立於撒謊、欺騙和剽竊的基礎之上——而且，儘管破壞了不成文的信任規則，仍昌盛興隆。

超級仿冒品的崛起

中國四川省省會成都，是較少人聽聞的中國大都會之一，人口超過一千四百萬。二〇〇六年的一場冬季之旅，我把握機會和一名同行旅人探索這座城市，走遍後巷前街，巧遇一個開設在地版情趣商店的男士。他在摩托車後座放置一只小木箱，攤開來，露出各式各樣的催情劑和保險套。再往巷裡走，我們又看到兩家同樣模式的代用品店。它們都賣當地生產的情慾促進劑，貨品包括一種號稱是威而鋼（Viagra）的產品——形狀和大小像威而鋼，也裝在貌似威而鋼的包裝裡。

在低信任的生態系統，出售的商品不會實現承諾的機率很高，而「攤子」是流動的事實，更讓這種現象雪上加霜（降低追索瑕疵品的機會）。但在那條巷子裡，三個相互競爭的攤子爭奪同樣的生意——多數是希望重振雄風的中年男性。中國的催情劑通常會過分吹噓效用（「持續二～六個小時，強精固腎」[3]），相形之下，威而鋼的包裝就沒那麼搶眼：一只白色盒子，貼了內容物的標籤，商標在旁邊。有三個攤子販售競爭商品，暗示這些商品有非常活絡的市場，就算買到假貨或無法實現承諾的商品風險極高，包括吃到有害物質的潛在成本。既然買到假貨的風險這麼高，人們為什麼還要買？這樣的行為似乎違反了我們剛討論的所有信任規則。

盜版品也建立了品牌意識與素養

不過，根據經濟合作暨發展組織（Organisation for Economic Cooperation and Development）在二〇〇八年發表的仿冒品和盜版報告，這樣的產品占全球總貿易額的百分之一．九五——大約兩千五百億美元。當然這些只是概略估計——黑市交易本來

3 我曾針對催情劑的包裝進行一項短期後續研究，這一次是研究重慶的市場攤販：http://hddnps/57-lessons-for-service-design。

就難以測算，因為非法販售者不會每季公布銷售報告，更別說是數位MP3和反向工程汽車的價值差異。真正的成本也難以套用經濟學名詞來計算。歸根究柢，如果不能同時造福買方及賣方，這個市場根本不可能存在。

過去幾年，微軟公司一直試圖對付中國的軟體盜版問題，包括控告據說販賣預灌盜版軟體的3C店，以及到杭州市投資——微軟聲稱那「宣示」了該公司制裁智慧財產權違反者的承諾。二〇一一年，微軟執行長史蒂夫．鮑爾默（Steve Ballmer）公布該公司在中國的收益只有在美國的百分之五，雖然兩國的個人電腦銷售數字差不多。我不知道他是怎麼算出那個數字的，但我可以半開玩笑地幫腔：不管你在中國哪個城市走幾條街，都八成遇得到路邊攤販賣盜版的Windows光碟，一片只要二十人民幣（相當於三美元）。

然而，就算鮑爾默的聲明是真的，我也會主張，微軟其實也從仿冒獲利。雖然收益可能相對微薄，但其產品及平台獲得採用，仍創造出一種使用的文化。盜版品是建立意識與素養的活動，這對於那些在技術上令一般使用者卻步的東西，例如電腦作業系統，是彌足珍貴的事。投注於學習一種作業系統——不論正版或盜版——的時間、金錢和心力，都會形成採用其他作業系統的障礙。它會贏得消費者的忠誠，就算那些消費者不是付錢的顧客——至少不是付錢給創造原版商品的公司。像微軟這種公司獲得的效益是：它有更大的機會在未來將原本使用冒牌貨的消費者變成付費的顧客，無論是透過其網路市場銷售使用服務的權利，或透過其策略盟友的硬體。

欠缺其他選擇時願意降低信任門檻

假威而鋼和盜版 Windows 都引發了重要而不時令人困惑的信任問題。從消費者的觀點看威而鋼，為什麼會有人信任一項幾乎確定達不到純正和追索，且在安全、可靠、履行和價值等方面風險極高的產品？首先，在欠缺其他選擇時，消費者會願意降低信任門檻。實體的情趣商店雖然現在比較普遍了，但在二〇〇五年的中國仍幾乎不存在。再者，威而鋼接近必需品；有迫切需要的消費者可能願意承擔較多風險來獲取它應有的效益。第三，一如其他許多像是運動鞋和手機之類的仿冒品，假威而鋼顯示，許多消費者願意做一種權衡——風險成本對金錢成本。買威而鋼之類仿冒品的民眾，願意承擔的風險高於願意付出的金錢。

就純經濟學而言，第三個答案看似最合理，但依據我這些年來和金字塔底層民眾進行過的對話，我會認為在全部人口之中，就以他們最無力承擔買到無法實現承諾的產品的風險，因為他們最沒有辦法更換。他們是最固執的一群顧客。他們有時就算明知買的是假貨，也不得不買，原因包括那些是他們唯一買得到的版本、他們在乎品牌價值勝於物品本身（威而鋼較不適用這點，但諸如Nike和iPhone等物當然是如此），或必須以有限的預算因應迫切的需求，沒辦法熬過存錢買真貨的時間。在中國，我們已經看到，隨著民眾愈來愈能分辨真品與贗品之間的差異，消費者已逐漸從購買假貨轉變成垂涎（有時會購買）真貨了。

中國山寨產業崛起

盜版軟體，或其他任何形式的非法數位拷貝，還引發另一系列的信任問題。雖然可能有若干病毒或惡意軟體的風險，一般民眾仍認定假貨是完全模擬正品。除了顯而易見的追索問題（因為路邊攤沒什麼客戶服務），消費者信任盜版的程度幾乎和信任正版一模一樣。這裡的信任問題在供給面，而最大的問題不在於盜版能否透過訴訟根絕，或是和允諾施鐵腕的執法單位稱兄道弟，而是對企業來說，把資金投入於最低限度的打擊盜版行動——可說是反盜版的戲劇演出——或研發就算被剽竊仍有獲利的新產品服務，哪一種比較明智。這乍看下是專屬於音樂、影視和出版業的問題——他們的商業模式已被數位革命徹底顛覆，但這也逐漸成為耐用品製造業者的問題。

中國再次位居這個問題的舞台中央，部分原因是它既是世界的製造業中心，也顯然是仿冒品和盜版的最大輸出國（雖然根據二〇〇八年經濟合作暨發展組織的數據，中國的仿冒品輸出只在一百三十四個國家中排行第十五）。中國不僅有完全投入抄襲與偽造的影子產業，這個產業——即俗稱之「山寨」，取其盜匪之意——更以反向工程進而取代真品的模式發展出製造與創新的文化。山寨製造商率先製造出多個ＳＩＭ卡插槽的手機，這個特色極受和許多電信網絡簽約、透過免費網內互打節省通話費的用戶歡迎。他們也率先製造出與電刮鬍刀及菸盒合一的電話。你以為他們只會製造掌上科技嗎？錯，你或許會想試駕上海版的保時捷（Porsche），或者在十一家居（11Furniture）選購一些傢俱——那裡複製了宜家家居（IKEA）的商品和展示空間（不過，抱歉，沒有瑞典肉丸子喔）。

雖然不會公開承認，但大多數在中國製造的全球知名品牌都覺得偽造是意料中事。誠如某大型運動鞋製造商一名匿名資深員工對《紐約時報》表示：「那會損害我們的生意嗎？或許不會？令人洩氣嗎？當然。但我想我們會把那視為一種恭維吧！」

你的準顧客信任誰？

我們或許不必擔心冒牌貨，但那不代表山寨文化不會對全球知名品牌構成嚴重威脅。「製造仿冒的鞋子是過渡性的選擇，」一家山寨工廠的經理這麼告訴《紐約時報》，「我們已經在發展自己的品牌了。長期而言我想要創造自己的品牌，建立自己的聲譽。」由於供應鏈的每一個環節，從最微小的螺絲釘到軟體平台，都有靈活的製造網，山寨業者可以在一個月內大量生產別人通常要生產一年的複雜電子裝置，因而常能搶在俗稱的「原版」之前上市。當他們奪走獨創性、擅用那些創意時，會發生什麼事呢？過去外包給這些工廠生產的企業將何以為繼？這很可能演變成一場設計及製造業的大規模革命。

於是，我們要問中國消費者的問題是，你信任誰——是陪你長大的那個令人尊敬的品牌，還是過去一直在幕後運作、現已想出如何以更好的價格提供更好商品的無名之輩呢？你會跟誰買東西——是那個公司、獲利導向、可能會鼓勵你多花點錢購買品牌價值的品牌？還是重視消費者需求勝於營利目的的山寨品牌呢？而在全球市場中，這不只是要問中國消費者——而是問我們每一個人的問題。

假使答案是兩者皆非呢？假使你不必就宜家家居和十一家居擇一，因為你根本不必出去買椅子，只要在家下載設計圖，把它３Ｄ列印出來即可？如果這看來遙不可及，不妨想想備受爭議的檔案分享網站海盜灣（Pirate Bay）已經增闢「３Ｄ列印檔案區」，而隨著這個技術持續發展，它一定會變得更容易使用，品質方面也更接近專業製造過程。

所以，你到底信任誰呢？品牌、工廠，還是你自己？更重要的是，你的準顧客信任誰？你的商品需要在哪個信任生態系統裡證明它們的價值？消費者使用哪些線索來確定信任？其中又有哪些線索僅適用於特定文化或情境，哪些是全球適用？既然如此，這會如何改變你引進市場的東西？在不信任的世界，你要怎麼讓消費者聞一聞牛奶？你可以在這幾頁找到指導原則，但如果你想要真正能給予信心的答案，你必須問問自己——以及你的準顧客——這些與情境息息相關的問題。

找出本質的方法不少，
但全都跟某種形式的心智重新建構有關。
在設計的世界，
我們鼓勵用「嶄新的眼光」看待產品和服務，
賦予計畫新的視野，
進而對於事物是什麼和可能是什麼產生不同的理解。
嶄新的眼光固然可在新成員加入團隊時獲得，
但我們也可以藉由瞄準新的方向來一新我們的視野，
或是運用一些方法來強迫自己重新評估那些
長久以來被視為理所當然的事物。

07

找出服務
真正的本質

請你想像自己坐在一部摩托車計程車的後座，在一個悶熱的六月上午嗡嗡地穿過胡志明市郊住宅區千瘡百孔的混凝土街道。你將視線鎖定在從屋頂冒出一排又一排的電視天線，思索它們象徵什麼樣的地位和技術採用情況，突然街上某樣東西吸引你的目光。不是什麼了不起的東西，是一只大瓶子裝了大約三、四公升的半透明液體，置於磚塊上，由一個頂多十歲的小孩子看著，他手裡還拿著一截長塑膠管，盯著你瞧，看你會不會停下。你的司機停車了。歡迎來到加油站——不是普通的加油站，而是加油站真正的本質。

在平常加油經驗中視為理所當然的東西，在這裡被剝得一乾二淨，就剩下一瓶燃料，坐得略高於它打算注入的油箱，用一根管子將燃料從瓶子輸送到油箱裡，加上一個負責收錢的代理人。這是那麼基本，又那麼純粹——再拿走一樣東西，就不是可以運作的加油站了。

從根本重新理解服務本質

當我第一次遇到這種裝置時（此後我在印尼、塔吉克等數個發展中國家見過），我驚訝到不得不捨棄我對這件一直視為理所當然的事情——加油經驗——的每一種假設。如果你一層一層剝開美國（或中國或德國或英國）加油站的外皮——聳立的標語以斗大的數字喧嚷每加侖多少錢；車輛悄悄接近六把加油槍，為一頂像框一般的大天蓬遮蔽；服務員藏身於厚厚一層安全玻璃後面；監視器；賣現煮咖啡和各種點心的便利商店；骯髒的廁所——基本上就剩下磚塊上的瓶子了。

如果你知道你在找什麼，看到東西以最純粹的形式出現，是相當激勵人心的事，但找出本質的意義是什麼？你要如何得知自己在找什麼？而當你找到，你要拿這「磚塊上的瓶子」做什麼呢？

我們都已習慣周遭的世界。隨著物品變得愈來愈熟悉，它們已融入景色，而曾經新奇、每一步都需要事先籌畫的做法，也變得自動自發。我們不再問問題，因為答案，即事情運作的方式，看似非常明顯，而就算答案並不明顯——或者那「明顯」的由來早已被遺忘。

但如果我們開始把事物剝成赤裸裸的本質，便可以從根本建立或重新建立我們對服務的理解。我們可以拿同樣的本質做為起點，為不同市場的相同服務設計變體，包含已發展及發展中的市場，讓前端在後端利用核心程序和基礎建設的同時，凸顯每個市場的微妙差異——真正的顧客、實際情況、人們的日常生活。

簡單就是明智

若要為特定商品或服務日後發展的可能性畫一張路線圖，可以把它想像成圓錐形，從一個代表現在的明確點開始，不斷擴張到未來。而就這樣一個簡單的、未背負假設的起點而言，有什麼比「磚塊上的瓶子」更適切的象徵？記著這幅簡單的畫面，無論你要探索幾個設計方向，都容易多了。

圓錐只是用以表示理論上的選擇範圍。一旦你開始沿著一條特定的設計路徑前進，納入愈來愈多選項，便會開始冒著掉入俗稱「功能蔓延」（creeping featurism）的危險：一種加入愈來愈多層最終證明沒那麼實用，反而徒增困惑的功能和特色的壞習慣。唐・諾曼在他極具影響力的《設計日常生活》（*The Design of Everyday Things*）一書中把功能蔓延形容成「一種若不立即治療就會致命的疾病」，它可以透過高劑量的組織協調加以治療，但「照例，最好的辦法是施以預防性藥物。」現任羅德島設計學院院長的設計師前田約翰（John Maeda）鼓吹「簡單就是明智」的真言。他在《簡單的法則》（*The Laws of Simplicity*）一書中為設計師寫下務必遵守的十項法則，前兩項是簡約和組織，剛好就是諾曼為功能蔓延開的處方。我們可以說，遵守這些法則的最佳途徑是盡可能堅持基本面，至少也要確定本質未被非基本的附加功能遮掩。

找出本質的方法不少，但全都跟某種形式的心智重新建構有關。在設計的世界，我們鼓勵用「嶄新的眼光」看待產品和服務，賦予計畫新的視野，進而對於事物是什麼和可能是什麼產生不同的理解。嶄新的眼光固然可在新成員加入團隊時獲得，但我們也可以藉由瞄準新的方向來一新我們的視野，或是運用一些方法來強迫自己重新評估那些長久以來被視為理所當然的事物。

從有限資源中找到靈感

這些年來我常在一些資源相當有限的社區（你或許可以稱之「貧窮」，但貧窮當然是相對的）找到靈感，那些社區通常位在發展中國家，但也不乏發展程度較高國家的特定地區。讓我們舉兩個例子：一例是巴西卡布拉索一個相當富裕的社區，另一例則在蒙古首都烏蘭巴托。在前者，我曾遇到一個看來就像你在倫敦、東京或巴黎等地見過的那種照相攤，唯有一個顯著的例外——攤子裡沒有照相機。沒有照相機的照相攤聽起來很矛盾，但那其實切中當地資源的普及情形。這個攤位導向的服務旨在提供標準的證件拍照背景，但攤子所在的沖印店則提供相機與其他服務，不只是拍攤位形式的護照相片而已。

在烏蘭巴托，我發現當地有些「行動電話亭」裡有體積龐大的有線型桌上電話（但不是真正連到地線，因為它們是用電池發電，且裝了ＳＩＭ卡），由店員帶在身上，與顧客亦步亦趨，構成一幅美麗的都市風情畫：顧客一邊走動，一邊被拴著電話線。雖然當時（二〇〇五年）桌上電話的規格因素仍很重要，這些顧客現在大多擁有自己的行動電話，但「行動電話亭」的服務仍顯露了那裡對這種服務的需求量最大的細微差異，並讓顧客得以邊打電話邊走路來保持暖和——隆冬的烏蘭巴托不是你會想在外面靜站太久的那種地方（但如果你身在那個地區，星期五晚上是外出的好時機）。

探詢最核心的存在理由

雖然街道是搜查線索、尋找跡象的好地方，我們仍在研究計畫期間運用種種技巧來與地平面的活動搭配。其中最簡單的包括有系統地觀察使用情形，以及詢問人們為什麼會以特定方式行事。幾乎每一項研究都在民眾的家裡花上相當多的時間，也就是他們最可能「我行我素」的地方。另外就是追蹤實際使用的數據資料。在較正式的研究情境裡，我們有時會請受訪者（象徵性地）拆解某項產品或服務，直到剩下最核心的存在理由。然後我們會給受訪者一塊白板，由他們決定要納入哪些特色——允許他們列入所有自己想要的功能，唯一條件是符合只有平常功能三分之一到二分之一的「預算」。這個活動迫使受訪者思考自己最重視哪些功能，以及他們選擇的功能可能如何交互作用，藉此賦予研究團隊關於消費者喜好的新洞見，不同於從最重要排到最不重要的簡單列表。每一種研究方法都有它的風險——例如有些人比較擅長表達為什麼比較喜歡一樣東西而非另一樣，很多人不大會表達前瞻性的需求——但技巧嫻熟的研究團隊知道怎麼減輕這些風險，以及怎麼從每一次研究會議中汲取恰當的資訊和靈感。

回到辦公室，還有其他多種有系統的方法可以重建服務的架構，運用各種刺激來將團隊帶往不同的方向。這些通常會透過不同的鏡片呈現——對一個銀行業務的計畫而言，這可能包括安全、便利或「好服務」對銀行顧客的意義，或技術領域展現的樣貌。事物為什麼會做成特定形式的原因，常反映在個性上（或角色、原型或符合特定市場區隔的實際消費者），因而需要豐富的第一手現場資料。諸如購買汽油、打電話甚或沏一杯茶等過程，可以按部就班地提挈、重新想像，也可套用架構（包括門檻架構）來透視研究成果、歸納團隊認為重要的資訊。

創意發想，先解構再重新結構

一個常見的研討會活動是進行水平思考訓練（例如：由愛德華・狄波諾〔Edward de Bono〕所設計的練習），讓團隊及客戶齊聚一堂，運用一連串手法來瓦解團隊的成見，迫使他們想出如何將完全不相干的東西納入整體。比方說，我們在探討商業金融之類的服務時，看來不搭軋的刺激物可以是一隻中國的貓熊絨毛玩具。我們從列出貓熊玩具的所有性質著手：顏色、質地、文化意涵、製造品質和一些略為離題、與貓熊有關的想法，例如：瀕臨絕種生物、人工受孕和世界野生生物基金會（World Wildlife Fund，標誌是一隻貓熊）。然後我們繼續列出商業金融的特徵，再腦力激盪，要以什麼樣的方式融入貓熊的特性。起點可能是貓熊的圖像，但隨著討論繼續進行，話題或許會轉向金融與人工受孕的共通點。

打造這種思考基本面的腦力激盪過程，能提供創意發想（creative ideation）的結構。創意發想對多數人來說非常困難，除非他們能逃開假設的束縛。這是一個解構和重新建構的過程，可能產生一些瘋狂、好玩、可能不切實際的構想，但也可能造就一些看來像常識的東西——那種或許躲過你的雷達，但會讓你說：「我為什麼沒想到？」的概念。那些洞見將比其他見解更能捕捉事物的本質。相對來說，找員工穿貓熊裝歡迎走進銀行的顧客，是個昭然若揭但非常識的構想。相對來說，給予銀行顧客一些工具確保他們的錢無論何時何地皆萬無一失，讓他們覺得像依偎在毛茸茸的大貓熊懷裡的小貓熊一樣安全——那就相當接近你所能捕捉的銀行業務的本質了。或許你思考銀行服務的心智模式容不下這麼可愛的玩意兒，但在南韓或日本等國家，這是司空見慣之事。

沒有汽油的加油站

想像你是第一次造訪地球的外星人，在路上看到一場英國足球比賽，你會怎麼向外星人同伴介紹呢？要描述你見到的場景，一個非常簡單的說法是：有二十二個人在一大片草地追趕一顆豬膀胱。

這個思考練習的價值不僅在證明抽象到某種程度的事物有多容易被誤解，

還包括從那個抽象點可以建立什麼樣的概念和假設。如果你說有二十二個人在一大片草地追趕一顆豬膀胱，他們的中心目標可能是把它踢到網子裡，但也可能是捉住它、摧毀它。或者他們的目的是惹惱那怪模怪樣、穿著一身黑的第二十三個男人，而最能凸顯他備受折磨的角色的，就是他那偶爾刺耳而顯然惱人的哨音。或者，在一個園藝已被提升到宗教層次的社會，追逐豬膀胱的目的，是使喚一群穿著特製靴子的奴隸來給這片神聖的草地灌氣和留下烙印。

如果加油站的核心功能是方便約會？

在設計的思考練習中，把某樣東西剝到只剩核心的過程，本身就極具效益，而或許「剝得精光」更顯優雅，能在市場提供獨一無二的價值。但要對核心有更深的理解，我們必須加以重建，特別是當你認為如果換個核心，某項產品或服務就會徹底改變的時候。

假如加油站的本質不是磚塊上的瓶子，而是目前加油經驗中的某個次要層面呢？假設你是第一次觀察加油站的外星人：看人們把車開進來、鑽入便利商店、隨便看了一會兒、排隊付錢，然後在最後一刻做了衝動的購買決定。假如你的假設是，加油經驗從頭到尾就是為了誘發衝動購買行為而創造呢？

若是如此，那請你思考整間加油站是怎麼為那個焦點而建。排隊可能是經過精心設計的，讓每一名顧客都必須等得夠久而理所當然地接觸到那些展示於排隊區、伸手便可及的誘人商品，但又不會等得太久而失望透頂地離開。汽油可能只是更大宗購物的誘餌——你每買一加侖的油，就會多得到一部新電視或一趟夢想假期百分之一的折扣。

假如一間加油站的核心功能是方便約會呢？加油站前庭的設計可能有助於潛在夥伴的互動，顧客之間有清楚的視線得以認出彼此（和彼此的車）。加油的過程可以提供足夠的等候時間來開啟對話，又不至於長到讓顧客投入無效的互動。美麗動人的服務員可以提供諸如洗擋風玻璃、檢查潤滑油、幫輪胎打氣和為顧客帶點心飲料等服務。加完油，雙方可能自然變得親暱一些。將來會不會有那麼一天，汽油禮品也被公認是愛情的象徵，類似巧克力或鑽石那樣？

假如加油站設立的基礎是二十四小時提供特色美食的概念呢？或是鎮上最好的廁所？或是某件與目前設施截然不同的事物，例如畫廊或遊樂場呢？

重新思考事物的核心

這個練習的重點並非努力提出最荒謬的概念，或略過荒唐的概念、聚焦於最接近目前核心的概念，而是理解每一個非基本的層面，會如何改變整體的經驗。那也能讓你稍微理解，不需要那個核心功能的人，會怎麼看待那個經驗。對想上廁所而剛好經過加油站的路人來說，磚塊上的一瓶汽油對他們了無意義，但如果那間加油站設計成截然不同的風貌，他或許會忍不住買個東西（或使用約會服務）。

這個練習的另一個價值在於，可按照新的技術或標準來重新思考事物的核心。想想十九、二十世紀之交，汽油還是在藥局做為利基商品販售，只有少數買得起汽車和請得起司機來保養汽車的有錢人會買。隨著愈來愈多中產階級美國人成為汽車所有人，服務站如雨後春筍在全國各地冒出來，提供我們現在認定的「全套服務」：由服務員負責灌注燃料、檢查潤滑油和其他流體的高度、給輪胎打氣，並提供任何你需要的機械協助。「服務」是關鍵詞彙，也是這個經驗的本質。像德士古（Texaco）和海灣（Gulf）等大型連鎖業者都會以服務員的親切為號召，並以免費指引路線——協助駕駛抵達他們要去的地方——做為品牌保證來吸引顧客上門。

隨著汽車愈來愈堅固耐用，不再需要那麼頻繁的保養，新的技術也讓駕駛員得以安全無虞地自己拿油槍加油，以及用電子方式付款，加油站的本質已從服務轉變為補充燃料——不只車子需要，司機也需要，提供點心、飲料、香菸和洗手間的便利站便應運而生。

雖然「服務」和「旅行休息站」的典範，意義遠比「磚塊上的瓶子」來得複雜，但它們在各自的情境裡，也都可視為加油站的本質，因為他們提供的附加服務實已成為這件事情的基本面。

扭曲思考的市場策略

當然，在一個地方被認為不可或缺的東西，不見得能環遊全世界。舉個例子，在日本政府於一九九八年撤銷對加油站的管制後，許多駕駛不是不願放棄全套服務，就是惶恐不安地放棄。「我怕我會害那地方失火。」一個育有二子的日本媽媽這麼告訴《洛杉磯時報》（*Los Angels Times*），雖然在解禁後不久，已經有服務人員教過她和其他駕駛了。即便在解禁十年後，日本仍只有百分之十六的加油站是自助式的，而日本汽車聯盟（Japan Automobile Federation）仍持續接獲駕駛求助：他們的車子因為加錯油種而故障[1]。

至於近年來面臨瓶頸的美國「休息站」式加油站——根據全美便利商店協

1 油箱加錯汽油種類的問題，在使用只能嵌入正確油箱的油槍噴嘴之後，已大致獲得解決。

會（National Association of Convenience Stores）的資料，自一九九一年以降，美國近二十萬家這類加油站，已有五萬多家關門大吉——要靠銷售汽油獲利非常困難，因此要保住剩餘加油站的生機，點心和飲料必不可少。華盛頓一間特別知名加油站的老闆甚至採取特別扭曲的市場策略：大肆提高他的油價，有時每加侖比對街的加油站貴一美元。為什麼？「他不想賣太多汽油。」美國石油銷售協會（Petroleum Marketers Association of America）主席丹．吉利剛（Dan Gilligan）這麼說告訴《華盛頓郵報》（*Washington Post*）。

想出顧客不能沒有的事

儘管如此，只要民眾繼續開車，就需要到某個地方弄到汽油。但放眼未來，「休息站」仍會是補充燃料／恢復精力經驗的核心嗎？尤其是在愈來愈多汽車用電代替汽油（或混用油電）之後？目前盛行的公共充電站模式：在停車空間旁邊設置充電設施，比較接近「磚塊上的瓶子」而非休息站。因為電力不需要龐大的地下油槽和油槍（裝備最少的充電站只需要幾平方呎的地，頂多跟電話亭一般大），要在城市各地大量分布這些「站」比較容易，不必挑選特定十字路口。我們也可能見到更多集中管理的站體，提供交換電池服務，代替花二、三十分鐘給汽車電池充電以節省時間，但這些站體就需要較多基礎設施來存放更多電池並幫它們充電。紐約哈德遜河谷的海福斯就正在進行一項再生工程，將一座廢棄的加油站改建成充電站、瑜珈教室和健康中心。也許不久之後，加油站會步入電話亭，或程度較輕的傳統主街銀行的後塵呢？

乍看下，在城市裡給汽車充電或許會變成停車做別的事情（如購物、用餐等）的附帶活動。但在公路旅行方面呢？開闊道路上的充電站，會有什麼樣的本質呢？站主是否得加進一些體驗，比如迷你主題樂園或影音商場，讓顧客在等充電時找點樂子呢？他們能做的事情幾乎有無限可能，但機會在於想出顧客不能沒有的事情。

建立非基礎設施

如果你願意也讀得懂這本書，我大膽猜測你至少有一個銀行帳戶，應該不只一個，且有無數種門路取用你的錢，從信用卡、自動櫃員機、支票簿到行動銀行ＡＰＰ。一旦多數人都能獲得這種等級的服務，他們就不會再多花時間思考自己喜歡它什麼，更不會思考它提供的本質。銀行業務的核心是確保錢的安全，直到需要被取回為止，以及能夠將那筆錢轉給別人，無論那人身在何處。不用說，失去你（或家人）全部的錢會對生存構成威脅，但會感受到那種威脅的人，主要是無法取得這些基本服務的民眾。

這就是我在金融業和銀行界的客戶想要探索的那種概念，挑戰他們本身對於銀行是什麼、在做什麼的想法。可惜他們常不知如何重啟假設，不知如何打造貌似全新，卻仍能提供核心動力、驅使顧客把錢交給銀行的東西。

對許多住在已發展國家的民眾而言，銀行業可說與其生活和文化結構緊密交織，因此我們難以想像欠缺金融途徑的意義，以及「沒銀行存錢」的痛苦。我們也很難在自己的背景進行研究；我們不可能奪走人們現有的門路、要他們過過看沒有金融服務的生活，那太不道德。要觀察顯而易見以外的事物，我們必須親自造訪取款意味著把手伸進床墊底下、拿出一疊鈔票的地方。

銀行核心依然為安全和使用機會

就取得金融服務一事而言，已發展國家及發展中國家的差距相當驚人：全世界約有百分之四十九的人家擁有存款帳戶，但各國的百分比天差地遠，從日本的接近百分之百到剛果民主共和國和阿富汗的不到百分之一。使用人口固然持續成長，但數字不見得有明顯增加。例如，從二〇〇八到二〇〇九年，蒲隆地（人口八百萬）全國自動櫃員機的數量成長一倍——兩部變四部（使用ATM是較正式金融服務的指標）。反觀人均ATM密度最高的加拿大，大約每四百五十八人就有一部ATM。但無論在哪個國家，關於自己的錢，人們都由同樣的基本動力所驅使。唯一的差別在於，在加拿大等地，如果你問人為什麼要把錢存進銀行，他可能會說：「錢本來就該存在那裡。」反之如果你問一個沒有銀行帳戶的蒲隆地人，為什麼要把錢縫進外套的內層，他的回應反而更可能告訴你銀行的本質：他希望他的錢安全無虞，直到他需要的那一刻。

如果你四十年前問英國人或美國人典型的銀行是何模樣，你或許會聽到大理石地板、三十呎高的天花板、用天鵝絨繩子圈成的排隊區和坐在玻璃後面的行員、大金庫，和身穿細條紋西裝、有權出入那些金庫的魁梧男士。今天這個結構比較低調了，但一般顧客心目中的銀行，不再完全是分行，還多了自動櫃員機、網路服務和與日俱增的行動APP。但上述種種，都不是真正的核心。一如以往，核心仍然是安全和使用機會。所有基礎建設都只是殼，也遵循著我們在其他領域見到的技術採用和拋棄的隱喻：不管我們住在哪裡、做什麼事，我們都是寄居蟹，一旦我們找到更符合需求的殼，我們必定會從原來的殼遷徙過去。

如我們在第四章學到的，安全和使用權對不同的民眾有不同的意義。對於認定實體是事物存在之唯一保證的人來說，永遠有安全貯存容器的需求，無論他們用的是金庫或床墊。對於信任「〇與一」，即電子計算機的人而言，電腦螢幕上顯示她名下有兩萬美元的一行字便足以讓她覺得自己，且只有她一個人擁有那兩萬美金。一家銀行可以拿它想得到的任何形式的殼，套在安全和使用權的基本核心上，只要那個殼能盡責地包覆那個核心。

從最基層打造，開啟無限可能

而在一些案例，那甚至不是殼——至少不是實體的殼。比如肯亞 M-Pesa 之類的行動現金轉帳服務，就完全仰賴行動網絡和人際網絡，而非較傳統的實體銀行基礎建設。用 M-Pesa，消費者可以透過行動電話申請一個帳戶，並仿照它們購買及「移轉」預付通話時間的方式（請參見第 p30《緒論：以全新眼光看待平凡活動》的烏干達事例），透過代理商存提款。以網路服務為主、發行付款卡的網路服務業者簡易公司（Simple），允許經由智慧型手機存款，以及透過 ATM、現金轉帳和支付帳單等方式提款。不過，如同他們網站上的聲明：

「簡易不是一家銀行。簡易是取代你的銀行。」它沒有分行，沒有金庫，沒有行員，不必排隊，但它有向美國聯邦存款保險公司（Federal Deposit Insurance Corporation）投保。甚至還沒正式推出之前，簡易已經有十萬多名準顧客等候批准申請了。它能有效運作是因為它關注到人們要錢做什麼的本質、運用當今首屈一指的技術模式從最基層打造，並保證相關費用之透明。

剝掉銀行業基礎建設、直抵其安全及使用權之本質的概念，開啟了廣大的可能性，也是相當好的思考練習：考慮可能情況的利弊得失。假如我們能在網絡的任一存取點使用銀行服務（或銀行服務的特定層面）呢？與其經由自動櫃員機或收銀機，為何不透過運輸費用票卡機來連結你的銀行戶頭呢？假如城市裡每一部自動販賣機都能簡要顯示銀行帳戶的細節，就像東京的販賣機會顯示帳戶餘額那樣呢？假如每一個銷售點的終端都是你的列印機，而且不只列印收據，還能列出任何你想要的資料呢？（再以東京運輸系統為例，能幫票卡儲值的機器也能列出票卡的使用紀錄，包括日期、時間和地點。）或者，假如每一支行動電話都是一個銷售點呢？要怎麼才能讓你轉向排你後面的那個人（你從沒見過的），請他們幫你付錢呢？

把握新創的各種可能性

在尋找產品及服務的本質，並藉此開創新機會的實務方面，新創業的公司天生具有優勢。畢竟，沒有人會指望他們當地的加油站拆掉所有加油槍、油槽和便利店，用一只放在大磚塊上的大瓶子取代一切（雖然聽起來相當誘人）。現有基礎設施的沉入成本（sunk cost）會大幅限制未來的可能性，或許因此也限制了未來的機會，特別是當顧客準備好更換新殼，而業者還沒準備好的時候。

新創業的公司也擁有撩撥想像的力量，對於那些對科技滿懷樂觀、在當今發展領域的另一端看到烏托邦的人士而言更是如此。這世界永遠不缺夢想家，例如古典自由派的「海上家園建立者」（seasteader），他們想要在公海上打造全新的自治城市，讓現有政府無法侵犯他們的理念（或皮夾）。

不過，也有許多值得引以為戒的新企業案例：它們動手捕捉某件事物最純粹的本質，卻剝得過頭而未擊中目標。舉個例子，我們現在可以回顧塔塔納努推出的經過，它矢志藉由研發世界最便宜的汽車以徹底改革汽車所有權。塔塔納努的製造商未能了解的是，汽車所有權的本質不只是四個輪子和一具引擎，還有車主身分賦予的社會地位——在納努的例子，就是身為世界最便宜汽車的車主，所要背負的汙名。

已在運作的企業固然缺少新公司與生俱來的那種廣泛的可能性，卻擁有不容低估的經驗優勢。過去的成就儘管不能視為未來成績的指標，但往往是一個象徵：在層層累積的功能、裝飾和便利設施底下，他們對於本質有相當合理的了解。一間加油站提供遠多於「磚塊上的瓶子」的商品和服務，這本身並沒有錯。但為了理解這些附加層面的價值，並找出從等式增減哪些層面代表什麼樣的機會，想像將其一一剝除，看看去掉那些層面會不會讓核心更受喜愛，看看它們是否只是累贅，仍是相當實用的做法。

如果簡單相當於明智，那找出本質就不是徹底洗腦，而是認清現實了。

連存三個月薪水、偶爾不吃東西，就為購買一支基本款的諾基亞手機，這是不理性的行為嗎？假如買那支手機是為了談成生意呢？玩遊戲呢？和摯愛聊天呢？瀏覽色情素材呢？花一個月的薪水買一支比較便宜但沒有品牌的裝置，就比較理性嗎？你買你的iPhone又有多理性？那雙耐吉運動鞋？紅色高跟鞋？誰可以定義理性不理性？你前一次花大錢購物的機會成本是多少？在品牌手機和不知名廠商製造的手機之間，你如何權衡？又是誰可以決定那些可行的機會成本為何？

08

企業的
傲慢與偏見

這或許是全世界最被低估的難題，每天都有數億人要面對。選擇正確，便有及時的盥洗儀式等著你；選擇錯誤，就會招來輕微的困窘、不適，可能還有異性的滔滔不絕的撻伐。幾乎全球每一個人都能做出這個正確的選擇，印證我們能夠利用自己對世界運作的理解，接受並處理一連串視覺、聽覺、觸覺和嗅覺的線索，並且將那些刺激轉化成最重要的決定：選擇正確的門進入男廁或女廁。

當你思考關於設計使用者經驗的主題時，公共廁所或許不會立刻浮現腦海，但那其實寶貴地示範了所有類型的設計和創新人員在改變民眾日常生活調性時所展現的力量：令人舒適、自在，但也（一般不是故意）使人苦惱、羞愧。

公共廁所提供一種彌足珍貴的服務，在世界各地為不分年紀、性別、種族及收入、教育和識字水準的廣大人口使用。對一些人來說，公共廁所是最後的依靠；對其他人而言，那是除了找一小塊地蹲下來之外的唯一選擇。每個人都需要在某個節骨眼去，而一旦你需要去，就非去不可。而當你非去不可，當你到這兩扇門前，放心和丟臉之間的那條線，可能和區分女用及男用的標誌上的油漆一樣細薄。

公共廁所觀察

在一天結束時，站在班加羅爾有百年歷史的城市市集的盥洗室前，你會發現感官遭到攻擊。除了炎炎夏日蔬菜和花卉的自然腐爛，你還將面對數百名市場顧客集體成就的刺鼻尿味，主要散發自建築物的一側（小解的男性通常比女性容易尿到便斗或洞的外面，因此氣味徘徊不散）。就算你以前從沒站在這個地方，那股飄出建築物的味道仍足以暗示它的用途是公共廁所。你或許也料到，還有其他線索暗示裡面發生的事：兩扇門的右側寫著英文的男士（gents）和女士（ladies），左側則寫著「पुरुश」和「महिलाएँ」印地語的同義詞。同時你也會看到兩扇門的名稱旁邊各有一大幅圖畫：一為穿藍襯衫、留大鬍子的時髦男子；一為裹著一襲紗麗（saried）的女子。你也可以援用那些一輩子受用、你在其他地點使用公共廁所的經驗，或是就地觀察男人川流不息地進出哪一扇門，女性進出哪一扇門。總之這是個多采多姿的環境，每一層的情境線索都會加強另一層。但我們也都遇過這種情況：遍尋不著我們習慣用來做決定的情境線索。

幾年前我來到距離德黑蘭車程數小時的高速公路休息站，我的司機坐在裡面點後來糖加得比水還多的茶，我則在屋後找洗手間——或者說，判斷哪一個才是我該用的。一扇門標著「آقایان」，另一扇標著「خانم‌ها」。沒有顏色之分，也沒有圖示；兩間房散發出的味道都略帶消毒味；就算把頭探進門裡看，也沒有結果——一模一樣的畫面：一個洗手台、有花的花瓶，和一排裝了藍色門的隔間。如果看到一排尿斗，多數男人就會覺得放心，但那裡沒有——伊朗政府規定上廁所要用蹲的，附帶的好處是比較不會有尿濺出來的臭味，這正好消除了另一個微妙的線索。我在心裡扔銅板，做了選擇，然後走進去。出來時我看到一位身材粗壯的男士走出另一扇門。

我做了機率一半一半的猜測，結果猜錯，但如果有人在門上放置代表男性和女性的圖像（或者只放男性，因為伊朗文化對於描繪女性形體有嚴格的規範），就根本連猜都不用猜。

權衡於成本與耐用之間

不過，盥洗室的門已經算相對簡單的設計挑戰，其他許多產品及服務需要的運作遠比單單選擇穿過哪一扇門來得複雜。想想你要花多少個步驟才能網路購物、訂機票、列印相片或設定洗衣機進行「柔洗」，也想想進入那些步驟的選擇是如何仰賴經由設計融入過程的提示，而非來自周遭世界的線索。

要思考什麼樣的民眾可能想要使用、消費特定商品或服務或與之互動，以及想（還有不想）從那種體驗獲得什麼，需要花相當大的心力。我們有可能製造出堅不可摧的筆電或手機，但如果所需的額外材料會增加成本，特別是與競爭對手的相對成本，那消費者就必須在成本與耐用之間權衡——而消費者權衡的任何一點，都是設計、製造和行銷那樣東西的人該權衡的。如果那是一項消費者很快就會穿不下，或是用了幾次就會打算丟掉的商品，你或可主張，投入設計資源在耐用上，會使它變成不盡理想的設計。花在讓它超級堅固的錢，或可用來改善像是螢幕解析度或重量等其他面向，或乾脆省下來降低這項裝置的成本，讓它落入更廣大消費族群的價格範圍。

在一個諸如手機等單一商品如果不是賣出上億件——例如 iPhone 光二〇一一年就賣出七千兩百萬支——可能連一百件都賣不到的世界，你怎麼知道何時該設計人人適用的商品、何時該設計最適合某個子集（編註：子集為某個集合團體中一部分的集合，亦稱部分集合）、何時又該設計完全針對一小群人的東西呢？你又該如何應付那種「為了迎合少數人而犧牲多數人」的道德歉疚呢？

常理並不是真理

例如：一家行動電話製造商該專門為不識字的民眾研發最理想的手機嗎？這是個假設性的問題，特別強調「該」與「最理想」，但也是我在二〇〇五年奉命為諾基亞調查的問題，當時，該公司開始看到不識字的民眾來買它的手機，對此百思不解，因為依常理判斷，他們應該沒辦法使用才對[1]。

當時，諾基亞每年銷售超過兩億五千支手機，而每三支手機就有一支是銷往世界各地。這些手機每一支都設計了由數字和字母組成、供會讀寫的民眾使用的介面，但許多手機卻是由不會讀寫的民眾使用，造成不盡理想的使用者經驗。這些手機的樣式都類似經典的諾基亞三一〇〇：簡單、塊狀的聽筒搭配黑白螢幕。幾年前，業界的說法是，隨著已發展市場的使用者趨向彩色螢幕和其他附加功能，這種類型的手機將迅速滅絕。但那種型號卻成為該公司（以及其他公司，例如行動生態系統中的電信業者）最重要的成長引擎，以新興市場廣大光譜的消費者可以接受的價格點提供功能——不只是新興市場的有錢人，甚至包括排隊領麵包（或米）的窮人。

諾基亞能夠擁有入門手機的市場不只是因為提供對的商品，也因為他們很早就投資一個出奇穩固的配銷網絡，事實證明這在印度等七成人口不住都會中心的國家至關重要。不論你前往哪個村落，大概都會看到有人販售諾基亞手機，就擱在小型交易站的米袋或豆袋上。結果，諾基亞產品被運用的方式和地點遠超乎一開始的預期，並一路直抵經濟金字塔最底層的消費者區塊——多數科技公司的未知領域。當然，不識字率在那個層級最高。但出乎意料地（至少出乎我們意料），不識字不見得會妨礙民眾購買或使用手機。

當不盡理想就是最理想

不識字是個具挑戰性又迷人的謎。有些人士和組織認為那是需要根絕的疾

1 聯合國教育科學暨文化組織（UNESCO）最早於一九五八年給「識字」（literacy）的定義是「能夠讀寫並理解日常生活的一篇簡短的陳述，並可在文本環境中應用這個知識。」

病，但那正是我們每個人出生的狀況，也是——就我們一生發育成長的本質而言——將持續存在的狀況。但不識字的觀念，以及一個人識不識字代表的意義，對於人們彼此間的關係，和他們日常生活使用的物品，也有深刻而根本的影響。

儘管識字（現多稱「素養」）有多種定義，但最常用的定義是文本識字（textual literacy）：讀寫能力。識字能力，一如其他多數能力，坐落於一個從完全不識字到極識字的連續統（編註：連續統是一個數學概念。一個量可以在某範圍內連續取值，該量的變化範圍即為一個連續統）。識字的好處通常在一個人能將識字的知識運用於文本環境時開始產生效果，無論是讀懂市場的標語或操作手機介面。往後退一步，識字也可能定義成從符號或符號性的刺激汲取意義（畢竟，字母和文字都是符號）。要在一個以資訊為基礎的社會中運作，文本識字和計算能力（numeracy）都是極為珍貴的技能組（合稱讀寫算能力），因此也是教育的關鍵要素。但，人們也會透過無系統性的學習和人生經驗發展其他素養類型，例如圖像素養（visual literacy，從事物的外觀汲取意義）、觀察素養（observational literacy，從人事物的行為汲取意義）、觸覺素養（tactile literacy，從事物摸起來的感覺汲取意義）以及聽覺素養（aural literacy，從事物的聲音汲取意義）等等。我們能在特定環境運作到何種程度，常取決於我們如何結合與應用這些技能[2]。

每個人都是某種程度的文盲

不識字，或文盲，可說是人類處境的根本：每一個人都欠缺至少一部分他人擁有的知識，而每一次知識不足都伴隨著無法不經協助而執行特定工作的代價。沒有人理應知道每一件事。每個人都是某種程度的文盲。

有些時候，原本有素養的人會表現得好像暫時沒素養一樣：當我們遺忘、分心、疲倦，或基於其他原因失去將心智能力應用到需要某種素養的事物時。就這種意義而言，拿手機過馬路的人就只剩下部分的視力：她不是在看螢幕，就是在看來往的車輛和行人，而無論她在看哪一樣，都看不到另外一樣。一如我們在某些時間點會全盲，我們也會全聾、全身癱瘓、也會毫無素養。**而我們在跨文化理解方面尤其毫無素養，最明顯的原因是語言隔閡，但也與文化風俗有關。**

這種素養的缺口可藉由人們採用的各種策略來填補，而那不必然與實際的學習有關。其中一種策略是「緊鄰素養」（proximate literacy）——基本上就是請比較有素養的人幫忙。很多人會覺得這是某種形式的依賴，但緊鄰素養也可視為

---

2 說到這個，我想要感謝多年來的共同研究員，包括齊娜絲・哈桑（ZeenathHasan）、市川富美子和崔言慶（音譯）。

一種將特定事項託付給有素養的親朋好友，或者幫得上忙的陌生人的素養。在這方面，求助於社會一些最貧窮成員的策略，與求助於最富裕成員的策略如出一轍：委託。

想像有個不識字的農人需要傳文字簡訊給在城市的親人，包括匯錢當嫁妝和婚禮時間安排的指示。就算那個農人有足夠動力憑記憶學習如何開啟及傳送新的簡訊（即操作手機的介面），他仍難以編輯訊息，因為那需要了解如何將字母拼湊起來組成文字（或者，組成簡訊常用的縮寫），以及如何用適用於收訊人的文法將那些文字有意義地串成句子。就算簡訊傳出去了，他仍難以確定簡訊有被收到或理解。在這種情境中，求助的策略完全合情合理：農人或許不識字，但他在他的社交網絡中認識至少一些識字的人，且可以依賴他們。這些人在他需要他們的時刻或許不在附近，所以那則簡訊可能要等好幾個小時甚至幾天才能傳出去。另外，因為幫忙打字的那個人會得知簡訊內容，農人或許要花較長的時間才能找到既能給予協助，又不怕他「偷聽到」敏感資訊的恰當人選。在文盲比例高的社區，這類協助的需求較大，因此緊鄰素養的做法也較為社會接受。

滿足自己特殊需求最重要

事實證明諾基亞針對不識字和行動電話使用的研究相當廣泛，而針對緊鄰素養的調查最終闡明，為不識字使用者設計的電話，必須重新設計架構，將這種較廣義的能力列入考量。簡單地說，使用者可以靠自己或經由他人支援做到哪些事情？他們怎麼決定哪些策略能助他們完成想做的事？如果使用者唯一想做的事情是接聽電話，那麼他就「只」需要學怎麼讓手機保持有電和能通話的狀態（後面那件事通常要靠通話時間銷售者來完成），以及在電話鈴響時按下正確的按鍵。如果他的動機是打電話，他顯然需要熟稔操作手機功能單的基本要件，包括怎麼在出錯時回溯步驟，以及如何辨認及鍵入數字（通常需要比對鍵盤上的數字形狀和碎紙片通訊錄上的數字形狀）。

調查中另一個令人驚奇的發現是有些使用者會讀寫某特定語言（例如印地語），卻使用介面不支持那種語言的手機（即使市面上買得到支持那種語言的裝置）。要了解箇中緣由，不妨想想你會傾向使用你非常嚮往、價值高檔但不了解介面語言的物品，例如行動電話或汽車，還是你沒那麼想要、但比較容易理解的替代選擇。在某些情境，選擇比較容易使用的選項並無問題，但在其他情境，「被看到使用」代表的地位象徵，能為你創造大得多的社會資本。

那項調查的結論是：繼續銷售已經上市的手機樣式，只做少許細微但重要的使用者介面變更，好過另起爐灶、研發能充分滿足這個特殊消費區塊之特定需求的全新商品。我們曾經以為會使不識字消費者不知所措的障礙，其實是可以克服的——視他們能向廣大社交網絡甚至陌生人求助的程度而定。儘管需要協助，使用現有的手機還是比讓它完全滿足自己的特殊需求重要。

理想化裝置也會有不盡理想的差異

為什麼當時不適合為文盲消費者研發專屬商品，還有其他許多理由。首先，你買了被視為專為「弱勢」消費者設計的玩意兒——這種社會汙名會抑制購買[3]；不識字的人也想要和其他人一樣的裝置，因為他們渴望被當成一般人對待。其次，成本問題：相對於再賣幾億支已上市手機的規模經濟，設計及測試新裝置、讓它進入供應通路以及教育銷售和行銷團隊的成本，會使售價過高而令消費者卻步。儘管我們一開始以為或許幫得上忙，但理想化的裝置不見得會在那些民眾的生活造成實質差異。

雖然調查結果令純粹主義者和思想家難以忍受——他們相信這樣的裝置真的能改變人生，但真相是：一個在概念上次佳的裝置已經夠好，甚至比設計、製造得更出色，卻有見樹不見林之虞的裝置來得好；設計較好的裝置，可能會拉高售價、降低社會地位，並帶來不容小覷的——學習一項新商品的不便。

話雖如此，如果今天有人問我同樣的問題，我的答案可能會不大一樣。如今，這些不識字的顧客，很多都用到第三、第四或第五支手機了，所以他們已經熟諳學習使用新的介面。通訊連接性比以前可靠和快速，這使得學習過程更一貫。機械成本現在也便宜多了：諸如華為（Huawei）和諾基亞等公司都逐步將觸控螢幕技術交予新興市場所得較低的消費者。觸控螢幕裝置使直接操作成為可能，不必再輸入文字或靠功能表導航，讓不識字的民眾更容易完成比較複雜的作業。此外，聲音辨識技術也有大幅進步，代表非文字介面可辨認變化更多、差異更細微的語言輸入，因此，我們能夠和裝置說話，並要他們回話的日子已經不遠了。

3 吸引「弱勢」消費者的範例包括日本行動電信業者都科摩（DoCoMo）專為長者設計的樂樂（Raku-Raku）系列。最早有極簡化介面、大按鍵、大字體和實體通訊錄支援的版本，在市場表現差勁，但在變更設計、讓手機外表看來和市場多數裝置類似（但仍具有專為年長消費者設計的使用功能）之後，該系列便躋身暢銷商品了。

切勿擅自揣測為消費者解決問題

事後來看，那份不識字研究彌足珍貴地闡明了時機的重要性，以及我們對於消費者和消費者生活根深柢固的假設之中所暗藏的陷阱。當時的組織假設（如果真的有人可以代表一個小鎮大小的地域分布式組織發言的話）是不識字的消費者，會想購買專為不識字消費者設計的手機。在那份研究之前，行動電話曾一度被視為有錢人的奢侈品，我們都認為，試圖把手機硬塞給經濟金字塔底層的民眾是愚蠢之舉——窮人不是買不起行動電話，就是不大使用。然而，世界數以億計的低所得消費者已經證明那個假設錯了。

有些人會懷疑，在行動電話發展之初，這般不關心金字塔底層消費者的需求，是不是有道德缺陷？假如我們為不識字的使用者打造了一支手機，卻未事先評估他們想不想要或需不需要，這樣算不算有道德缺陷？這兩個問題我都會給否定的答案，但事實是，**要公平對待交易對象，最好的方式是了解他們會怎麼應付自己的問題，而非擅自揣測怎麼為他們解決問題。**

設計「理想」產品的概念固然有它的誘惑力，然而這是對誰理想，就何種用途理想呢？理想在若干領域可能意味著較快、較便宜、較輕、品質較好或較堅固耐用。如果有不只一種理想的觀念，你要怎麼調和箇中差異呢？誰可以做決定呢？

設計師容易陷在自我中心看解決方案

我們生來都被各種「中心」（-centricity）限制在自身觀念之中：種族中心（ethnocentricity）、自我中心（egocentricity）甚至還有一點偏離中心的怪癖（eccentricity）。**雖然我們努力理解新的情境和在情境中生活的人，卻很容易跟不上節奏，特別是從大企業內部了解的時候。**一件從已發展世界的角度看來不盡理想的事物，或許從發展中世界的角度看來相當理想，尤其是牽扯到成本時；成本，對許多生活在社會邊緣的人來說，是理想的第一要素。在某個人看來差異甚微的方法，往往是能降低使用成本的聰明（有時也是必要）手段，例如打一通電話、然後在對方接電話前掛斷，就是減省簡訊費用的做法。

設計師，雖然生性想解決問題，卻也常受到「解決模式」（solutions mode）的心性所侷限。「總是想要讓事情更好」固然有其無私的特質，但也可能出於傲慢——設計師並未尊重已經存在的解決之道，特別是在某個社群內部逐步形成的辦法。

在地的辦法或許是最好的辦法，但未必是企業可以採用的辦法，尤其是需要複雜供應鏈的時候，例如行動電話和汽車就不大可能在世界每一個角落在地設計及製造。但就算是製造這類全球性商品的公司，也有必要去了解「在地」在其商品配銷地點的真正意義，不了解將遺禍無窮。與一些人道主義者抱持的信念恰恰相反：無知給企業帶來的損失，比發展中世界的民眾還多。

真正的帝國主義

我們不必花什麼心思就能找到全球化惹人憤怒的事：星巴克的價格戰把你最喜歡的咖啡館逐出你住的地區；亞洲金融危機引發印尼暴動；蘋果透過限制全世界在他們的APP平台流通成人內容來強制灌輸其企業價值；可口可樂和百事可樂（Pepsi）的商標被漆在偏遠地區清新純樸的山脈上。

或者你還想將這「不惜代價也要獲利」的議論帶往下一個層次：雀巢（Nestle）在銷售奶粉可能會阻礙母親哺乳的市場積極販售；臉書和谷歌一而再、再而三地重新定義隱私權，競相透過新服務來拍賣你的個人資訊；孟山都（Monsanto）研發不育的種子迫使農民每年都要再買；中國富士康（Foxconn）工廠的自殺率令人咋舌；易利信（Ericcson）在伊朗等國販賣監視設備牟取暴利；聯合利華（Unilever）的白淨可愛（Fair & Lovely）肌膚美白霜的廣告被控種族歧視。別誤會我的意思——政府、企業、組織和代理商當然需要被監督、負起責任，而在特定參與者擁有過高權力的市場，要加以抑制。

但身為消費者、雇主和員工，我／你們／我們／他們其實都是共犯；我們製造及消費的產品，我們期盼的生活方式，以及我們時時刻刻所做、要如何使用購得商品的決定，我們每一個人都脫不了關係。當然，我們要求隱私，但每當有照相的機會，我們就願意降低個人道德標準。我們早已習慣免費的電子郵件，但群起反對電郵被演算法讀取，方便谷歌提供我們更符合情境的廣告。我們會湧進一個偏遠的山村，在一陣手機鈴聲響起時低聲咒罵，但一想到放棄自己的通訊就不安起來。我們抱怨地球暖化，卻搭噴射機前往下一場支持綠色生活等議題的會議。我們抗議新電子商品的價格太貴，但一提到要不要用成本高一點、但對環境傷害少一點的方式座廢棄處理，我們又用錢包投票了。或者，我們飛半個地球談生意，但不會追蹤每一筆促成生意的所得來源，或是讓我們得以到那裡、住那裡、並在停留期間和合作夥伴及摯愛聯繫的眾多全球網絡參與者。

扭曲的責難

我花了相當多時間在全世界演講和發表談話，從公司會議到初級中學都有。能有機會和一屋子知識分子分享，並向他們學習，我一直滿懷感激。但偶爾也會面臨責難式的問題，那些問題暗示我的工作，或任何種類的企業在發展中國家的存在，無疑是災禍的根源。這一類的質詢一般來自熱情的心靈，但也源於對高所得和資源受限（換言之，貧窮）社區消費者的誤解。這種扭曲往往出於一片好意，但也太常肇因於無法觀察人們真正的面貌——而非觀察者希望的樣子。在此列舉一些：

- 以極低水準所得維生的消費者無法為自己做出理性或「正確」的選擇，需要保護才能免受企圖詐騙他們的企業之害。
- 這些消費者受到責任束縛，只能做理性的選擇。（按照說這句話的人的定義，這裡的「理性」指的是對其現有社經情況有立即好處的選擇。比方說，花錢在幫生病的孩子買藥是可以的，但不可以花在讓生病小孩看電視的電費上。）
- 如果消費者做出「非理性」的選擇，「錯」在提供那項產品的公司。
- 以所得水準極低國家的消費者為目標顧客的公司，本性邪惡。

面對這類議論，我的回應是指出：所得極低的消費者是——可說迫不得已——世界最重要的一群消費者。世界只有極小比例的人口有本錢不必思考他們花錢買的每一樣東西、買一樣東西而放棄另一樣東西的機會成本，以及為了過活而或許不得不招惹或收取的社會債務。所得極低的消費者之所以不斷被迫做出比富裕消費者理性的選擇，是因為他們日復一日的決策過程更可能以謹慎開支、不要浪費錢為中心。一如較富裕的消費者，他們也有具創造力的策略來妥善處理有限且多變的所得和信貸類型，包括正式的和不正式的。

窮人的行為必須理性？

諸如此類的權衡在極具影響力的《窮人的投資組合：全球貧民如何靠一天兩美元過活》（*Portfolios of the Poor: How the World's Poor Live on $2 a Day*）一書中有深入的探討。作者們如實記錄了孟加拉一對名叫哈米德（Hamid）和卡德嘉（Khadeja）的夫婦的財務生活，他們扶養本身及一個孩子的生活費一個月大約只有七十美元，是哈米德當電動人力車的預備駕駛賺來的。作者群整整追蹤哈米德和卡德嘉一年，在那一年結束時，夫妻倆的資產負債表如下：

二〇〇〇年十一月哈米德和卡德嘉的期終資產負債表

資產	$174.80	債務	$223.34
小額存款帳戶	16.80	微型金融貸款帳戶	153.34
提撥長期照護險金額	8.00	私人無息借貸	14.00
預付薪資	10.00		
家庭儲蓄	2.00	代為保管的他人儲蓄	20.00
壽險	76.00	賒欠店主	16.00
匯回家鄉的款項	>30.00	房租拖欠	10.00
借出	40.00		
手頭的現金	2.00		
		財務淨值	-$48.54

註：美元與孟加拉塔卡（taka）的兌換為1美元＝50塔卡，依現行匯兌行市。

資產總值為一百七十四・八美元，包括小額存款帳戶裡的十六・八美元、找「長期照護險」（某人代為保管現金，在這個例子是哈米德的雇主）儲蓄的八美元、家中儲蓄因應每日開銷不足額的二美元、壽險儲蓄保單上的七十六美元、匯回家鄉的三十美元、借給親戚的四十美元和手頭的二美元；負債總金額為二百二十三・三四美元，包括小額貸款的一百五十三・三四美元、向家人及鄰居借的私人無息借款十四美元、夫婦倆幫兩個「不想讓揮霍無度的丈夫和兒子看到那些錢」的鄰居保管的二十美元、賒欠一個店主的十六美元，和拖欠未繳的租金十美元。除此之外，家裡還有少量的米、扁豆和鹽是卡德嘉向她和其他七個太太共用的簡陋廚房借來借去的，誰欠誰還，她們都記在腦裡以求長期公平。對這對夫婦來說，上述借貸的每一筆，都有其策略或有形的價值，而雖然他們的淨資產是負的，但債務相當容易管理。同樣地，提出「窮人的行為必須理性」之論的人士似乎認定正式教育和素養高於智慧和生活經驗，純粹出自私利的決定高於基於社會地位和社會連結的決定。事實證明，理性是一種地方現象。

理性也是一種地方現象

連存三個月薪水、偶爾不吃東西，就為購買一支基本款的諾基亞手機，這是不理性的行為嗎？假如買那支手機是為了談成生意呢？玩遊戲呢？和摯愛聊天呢？瀏覽色情網頁、色情片呢？花一個月的薪水買一支比較便宜但沒有品牌的裝置，就比較理性嗎？你買你的 iPhone 又有多理性？那雙耐吉運動鞋？紅色高跟鞋？誰可以定義理性不理性？你前一次花大錢購物的機會成本是多少？在品牌手機和不知名廠商製造的手機之間，你如何權衡？又是誰可以決定那些可行的機會成本為何？或是套在創意社群——低所得消費者就有義務非得選擇斯巴達式的功能，不可以選擇美學或比較膚淺的元素嗎？再套一圈：企業就有義務非得為這些市場製造就美學而言，較不討喜的產品嗎？因為這個論點就會導向這個結論。

在一個見到較白的皮膚會聯想到不必下田工作，且民眾嚮往白領階級工作的國家，希望皮膚變白是合理的嗎？如果對某些消費者來說答案是肯定的，當地人讓皮膚變白的選擇有哪些？那些選擇有多安全、多可靠又多有效？如果一家跨國企業藉由迎合民眾想擁有較白皮膚的期盼來積極行銷它的產品，那算種族歧視嗎？假如有家在地公司做同樣的事情呢？要是在地公司做同樣的事情，卻做出更怪異的聲明呢？我們多數人都明白，問題遠比那些批評人士考慮的複雜。真正的問題是：你要怎麼找到傾聽一般群眾，並與之對話的方式，先理解他們的心聲再做出結論？你必須做些什麼才能超越標題和熱門話題呢？

創造有意義的商品或服務是企業永續的第一步

有些公司，例如獲利導向的公司，一有機會就會剝削他們做生意的社群，將財務獲利置於其他一切事物之前——就像那些政府幾乎沒在管或關說大行其道的國家。但如果假設每一家公司都是那樣，就是讓激情蒙蔽邏輯了。我的假設是：出於必要也好，無奈也好，這些是這個星球上最重要的消費者。能創造出一項既具商業效益，又能以他們願意付出的價格來滿足他們需求的產品或服務，本身就是非常了不起的成就，尤其考慮到當地的替代選擇可能相差無幾。那些產品或服務究竟是不是那些消費者的合理選擇，我們的判斷根本無關緊要——一如你的購買決定與他們毫不相干。

理解驅動民眾、使用者、選民和消費者的因素，是創造有意義的商品或服務，乃至創造永續企業的第一步，無論你是透過正式的研究過程、比較打游擊的方式或只是反省自身經驗來理解。一個財力有限的消費者會放棄一些他或她極為有限的所得來購買那項商品，或許就是最高的讚譽。

窮人最不能冒險購買設計不良的商品和服務，也最不能冒險投資無法履行的事物，但他們也有權利決定什麼適合、什麼不適合自身的需求。那些認為世界各地的貧民不值得他們關注的人，才是真正的傲慢。

結論／將焦點對準世界

看到這裡，我好像該說說你已經學到了什麼，以及現在應該如何應用所學。

但本書不是那樣的書，我也不認為你是那種希望東西放在同一個盤子給你的讀者。因此我不打算教你這是個什麼樣的世界，而要提供一些能幫助你將焦點對準世界的新觀念。**要充分利用這本書的方式是把日子過得淋漓盡致，並且，配備著觀察事物的新方式，沿途提出更聰明的問題。**

同樣地，你或許也會懷疑未來會變成什麼樣子，以及該如何因應。這本也不是那樣的書，但如果你踏入外面的世界，透過書中每一章給你的鏡片來觀察，可以發現未來的變化遠比乍看之下細微，卻沒那麼晦澀難解。

那麼，如果你將那些鏡片特別對焦於任何地方，會看到什麼？

建構、解構、分析弦外之音

你會看到就連最簡單的情境和互動都饒富意義、充滿機會。你可以注意朋友準備離開咖啡店時所進行的儀式，是怎麼透露他一日不如一日的記憶力和其求生策略。你可以觀察一項服務，無論是加油站、飯店或咖啡館，思考它的本質，以及所有用來補充經驗或轉移注意力的附加層面。你可以觀察一種新技術是如何為大眾應用，領略它是如何蔚為主流，或被人淡忘。你也可以點一盤炸雞，汲取所有線索，從你盤裡的東西到餐廳周遭環境、外面街上及文化中隨處可見、告訴你能否信任炸雞安全可食的提示。

你會看到充斥這個世界的問題多於答案。購物中心那個女孩戴的牙套，真的能矯正她的牙齒嗎？她的爸媽是否真如她希望你認為的富裕？你朋友放在他家洗手間的讀物是他自己要讀的嗎？還是為了你放的？是誰准許公園裡放置那些標語？誰能從它們的存在得到好處？

你會看到人際行為——與朋友、同儕、陌生人、同事和顧客的互動——是可以建構、解構和分析弦外之音的。你甚至可能更喜歡沒說出來的事物，勝於率直表達的事物。

深入鑑賞世界運作

當一項新技術出現時（現在你知道新技術是層出不窮的），你將明白它能提供什麼促使行為永久改變的長期效益，以及它有幾分新奇感將逐漸消退，無論你是目標顧客或旁觀者。

而當你決定這樣做或那樣做的時候——淋浴或不淋浴；散步或爬樓梯；讓旁人聽到你講電話或找個安靜的角落——你會發現每一個決定都與一個做和不做的複雜架構息息相關。

從上述這些小事情，所有觀察生活的鏡片，你將獲得深入鑑賞世界運作之道的方法。你可以用這些知識讓下一次假期更豐富，加深「到過那裡」的感覺，而那終將提醒你，你喜歡和不喜歡回家以後的哪些生活。你或許會從人們利用有限資源的創意中獲得靈感，或許可用這些新發現的洞見重新想像你的事業，創造豐富多彩的構想來迎接你和你的顧客面臨的挑戰。

如果你環顧四周，你會看到更多更多——不再隱藏、一覽無遺。

附註／設計研究的八項原則

一、優化表面積

「表面積」(surface area)指我們研究中所有接觸點的總和，包含場所和參與者。這類接觸點的累積特性包括研究的寬度和深度、壓力（專門貢獻於某些領域的心力）、層面（即支援計畫）和質地（倫理、專業、禮節、忙碌和強烈）。理想化的表面積便於蒐集資料及獲取正式及非正式的接觸點、找到資訊和靈感的適當混和比例，並擁有在事情難免未依計畫進行時因應意外的彈性。

二、你的在地團隊有多好，你就有多好。

聘請在地團隊（理想上，每個核心隊員配備一個當地人）能顯著提升在地互動的品質，並有效擴增涵蓋的研究領域。理想的在地人會說兩種或三種語言、活潑外向、重視與外國／外地人接觸、有學習慾，且主要依經驗而行動。極力爭取，給予豐厚報酬。

三、凡事源自你待的地方。

在符合研究概況的社區裡或附近找一戶人家或民宿。把它布置得有家的感覺，邀請在地團隊加入核心團隊，打造能讓團隊齊聚一堂的正式及非正式空間，例如簡報室和早餐區等等。

四、採用多層次召募策略。

負起責任，建立最重要的內場互動：參與者之間的互動。別把這件事交給召募經紀公司，除非你需要非常專業的人才。善加利用團隊（包括在地成員）

的廣大社會網絡；在社交網站上宣傳、為所有召募檔案進行配對（最晦澀的除外）；並讓團隊在抵達前更深入地理解研究地點。學習如何發揮「滾雪球效應」，從第一次成功的互動召募更多優秀人才，並把召募視為持續進行的過程。

五、參與者優先。

每一次互動都將參與者的福利置於優先，這能奠定穩固的道德基礎，讓團隊在計畫的整個生命週期，從在地團隊願意動用人脈到提交最後的報告，都能蒐集及確實應用資料。雖然傳統的規則是「客戶優先」，但先把參與者放在前面，客戶最終還是會跑到最前面。

六、讓資料呼吸。

從數據資料（純粹的資訊）到洞見（如何將資訊應用於手邊的問題）的旅程，從現場開始。

資料應該要在新鮮時攝取。每一場互動後都要請團隊回顧頭條資料，至少一天一次，在回到研究室之前，找在地團隊花一整天討論也是理想的做法。給資料寬敞的呼吸空間——暫時不要嚴密檢查，不要給有點舊的資料堆上太多新資料，以免混淆。

那個呼吸空間有助你了解資料更細微的部分，對它更加熟悉，並透過被動接觸加以吸收，回到研究室之後再進行全面綜合分析。

七、通則不適用。

每一個研究計畫都是創造新事實的機會，也讓團隊得以擺脫心智上的限制。把握機會證明通則不適用，從挑戰團隊的階級（例如讓最低階的成員睡最好的床，你自己則打地鋪）到讓訪客工作、一同改變工作—生活的空間等等。

八、留時間舒壓。

密集研究可能使人心力交瘁——日復一日的漫長工時、和你先前只有同事關係的人住在附近，還要同時應付計畫和新地點的龐大需求。恢復身心的時間是必要的。

在研究終了時至少撥出兩天讓團隊舒壓，尤以那些值得懷念、可讓團隊成員盡情放縱、回味自己的成績、做好回歸平民生活心理準備的地方為佳。

研究結束一年後，除了當初為共同目標一起奮鬥的同志情誼，和結束旅程的筆記，團隊可能什麼都記不清楚了；讓它成為美好的回憶吧！

視野 / 67

觀察的力量

從烏干達到中國，如何為明天的客戶創造非凡的產品

HIDDEN IN PLAIN SIGHT:

HOW TO CREATE EXTRAORDINARY PRODUCTS FOR TOMORROW'S CUSTOMERS

作　　者：詹恩・奇普切斯 (JAN CHIPCHASE)
　　　　　西蒙・史坦哈特 (SIMON STEINHARDT)
譯　　者：洪世民
主　　編：魏珮丞
特約編輯：洪芷霆
封面設計：IF OFFICE
美術設計：健呈電腦排版公司
寶鼎行銷顧問：劉邦寧

發 行 人：洪祺祥
總 編 輯：林慧美
副總編輯：謝美玲
法律顧問：建大法律事務所
財務顧問：高威會計師事務所
出　　版：日月文化出版股份有限公司
製　　作：寶鼎出版
地　　址：臺北市信義路三段 151 號 8 樓
電　　話：(02) 2708-5509 ｜ 傳　真：(02) 2708-6157
客服信箱：service@heliopolis.com.tw
網　　址：www.heliopolis.com.tw
郵撥帳號：19716071 日月文化出版股份有限公司

總 經 銷：聯合發行股份有限公司
電　　話：(02) 2917-8022 ｜ 傳　真：(02)2915-7212
印　　刷：禾耕彩色印刷事業股份有限公司
初　　版：2015 年 02 月
初版十八刷：2017 年 01 月
定　　價：320 元

ISBN：978-986-248-445-6

國家圖書館出版品預行編目(CIP)資料

觀察的力量：從烏干達到中國，如何為明天的客戶創造非凡的產品／詹恩・奇普切斯（Jan Chipchase），西蒙・史坦哈特（Simon Steinhardt）著；洪世民譯 . -- 初版 . -- 臺北市：日月文化，2015.02
288 面；14.7╳21 公分 . -- (視野；67)
譯自 :Hidden in plain sight : how to create extraordinary products for tomorrow's customers

ISBN 978-986-248-445-6 (平裝)

1. 消費者行為 2. 市場分析

496.34　　103026443

視野　起於前瞻，成於繼往知來

Find directions with a broader VIEW

寶鼎出版